국가직무능력표준시리즈 **67**

사출금형제작
사출금형 부품가공

고용노동부 · 한국산업인력공단

차 례

사출금형 부품가공 교재의 개요 ·· 3

단원명 1 가공용 프로그램 생성하기(15230206_14v2.1) ··· 6
  1-1 가공 부품도를 파악한 후 가공 공정 작성 ·· 6
  1-2 수동프로그램 작성 ·· 15
  1-3 자동 프로그램 작성 ·· 27
  교수방법 및 학습활동 ·· 49
  평가 ·· 50

단원명 2 부품 세팅하기(15230206_14v2.2) ·· 53
  2-1 기계에 대한 사양을 파악 ·· 53
  2-2 부품 형상에 대한 자주검사 ·· 60
  2-3 부품도를 파악한 후 고정구 선택 ·· 66
  교수방법 및 학습활동 ·· 73
  평가 ·· 74

단원명 3 가공조건 결정하기(15230206_14v2.3) ··· 76
  3-1 절삭조건 판별 ·· 76
  3-2 도면에 따라 공구의 종류 및 크기 결정 ·· 81
  교수방법 및 학습활동 ·· 89
  평가 ·· 90

단원명 4 프로그램 검증하기(15230206_14v2.4) ··· 92
  4-1 곡면의 Z값을 파악 ·· 92
  4-2 Z값에 공구를 터치하여 위치 값 검증 ··· 100
  교수방법 및 학습활동 ·· 106
  평가 ·· 107

학습 정리 ··· 109

종합 평가 ··· 116

참고자료 및 사이트 ··· 121

(사출금형 부품가공) 교재 개요

능력단위 학습목표
- 금형부품가공은 소재/부품을 기계가공하기 위해 가공용 프로그램 생성·검증하고 부품세팅 및 가공조건 결정할 수 있다.

선수학습
- 금형의 제품도, 금형구조 및 부품도를 이해할 수 있는 능력
- 금형의 부품별 소재를 이해할 수 있는 능력

교육훈련내용 및 훈련시간

단원명	세부 단원명	교육훈련시간
1. 가공용 프로그램 생성하기	1-1. 가공 부품도를 파악한 후 가공 공정 작성 1-2. 수동프로그램 작성 1-3. 자동 프로그램 작성	
2. 부품 세팅하기	2-1. 기계에 대한 사양을 파악 2-2. 부품 형상에 대한 자주검사 2-3. 부품도를 파악한 후 고정구 선택	
3. 가공조건 결정하기	3-1. 절삭조건 판별 3-2. 도면에 따라 공구의 종류 및 크기 결정	
4. 프로그램 검증하기	4-1. 곡면의 Z값을 파악 4-2. Z값에 공구를 터치하여 위치 값 검증	

사출금형 부품가공

색인 목록

공정계획표	7
좌표어	15
주축기능	16
회전당 이송	17
보조기능(M코드)	19
준비기능(G코드)	19
CAVITY_MILL	27
CONTOUR_AREA	28
FLOWCUT_SINGLE	28
NC 절삭 지시서	29
안전높이 설정	32
절삭공구 설정	35
잔삭 가공	43
NC DATA 생성	46
공작기계 분류	53
자동공구 교환장치	56
보간 기능	58
자주 검사	60
자주검사 시트 작성	63
불량품 처리 절차	64
플레이트 고정구	66
분할 고정구	67
총형 고정구	68
고정구 구성	70
테일러의 공구수명 식	76
엔드밀 절삭조건	78
페이스 커터 절삭조건	78
합금공구강	81
고속도강	81
공구의 종류	82
절삭속도	83
밀링	85
거리 측정	92
투영 거리	93
반지름 측정	94
작업 단면 편집	97
Verify	100

(사출금형 부품가공) 교재 개요

능력단위의 위치

수준 \ 직종	사출 금형설계	사출금형제작	사출 금형 품질관리	사출 금형조립
7수준	사출금형설계 업무관리			
6수준	사출금형 원가계산 / 사출성형 해석 / 시험사출 제품 분석	일정관리 / 제작공정 설계		사출금형 조립검사 / 사출금형의 수정
5수준	사출금형 구조분석	외주관리 / 설비관리 / 가공표준 관리 / 사출금형생산성 검토하기 / 시제품평가		사출금형 경면래핑 / 사출금형 시험사출 / 사출금형조립의 안전과 환경관리
4수준	사출금형 조립도 설계 / 가공지원 도면작성	공정간 검사 / 표준규격 관리 / 소재/부품 구매	사출시험작업 / 금형수정 하기 / 금형유지 보수	사출금형조립의 고정측 조립작업 / 사출금형조립의 가동측 조립작업
3수준	사출금형 부품도 설계 / 3D 어셈블리하기	도면이해 / **사출금형 부품가공**	사출성형 설비점검 / 제품도 및 금형도 해독	사출금형 이완 / 사출금형의 이해
2수준	2D 도면작성 / 3D 부품 모델링		시제품 측정	
-	직업기초능력			

사출금형 부품가공

단원명 1 — 가공용 프로그램 생성하기(15230206_14v2.1)

1-1 가공 부품도를 파악한 후 가공 공정 작성

교육훈련 목표
- 부품도를 파악하여 2, 3차 가공을 구별하여 프로그램을 작성할 수 있다.

필요 지식 금형도면 분석, 공정계획표

1 금형도면 분석 및 공정계획표

1. 금형도면 분석

 금형도면은 크게 제품도, 금형제작을 위한 금형부품도, 조립도 등으로 분류할 수 있다. 도면 분석을 할 때는 2D와 3D의 두 가지 모두 분석을 하는데 이는 2D로만 분석하는 것보다 효율성이 좋고 분석오류를 방지하고자 산업현장에서는 혼용하여 사용하고 있다. 두 도면에서 치수의 오차가 발생하는 경우에는 설계자와 협의하여 진행하는 것도 좋은 방법이다. 제품도를 분석할 때는 금형의 특성이 고려된 구배의 적용 상태를 분석하고, 3D를 참조하여 정확하게 제품을 분석하는 것이 매우 중요하다. 설계를 처음 시작하는 단계에서 빼기 구배의 편측과 양측의 오류를 범하기 쉽기 때문에 2D의 치수와 빼기 구배의 값을 면밀히 검토해야 하고 주서의 내용을 숙지해야 한다. 조립도의 경우 일반적으로 3D 모델링의 코어와 캐비티 제품을 참조하는데, 이 때 수축율과 구배 등의 검토 또한 모든 금형도면의 검토 과정에서 가장 중요하다고 볼 수 있다.
 설계자는 2D를 기반으로 다시 3D를 생성해야하고 그로 인해 많은 시간적 손실을 줄이기 위해 2D와 3D의 두 가지 도면을 모두 확보함으로 시간과 오류를 줄이고 NC 코드 생성을 위해 CAM프로그래밍 작업으로 빠르게 진행할 수 있는 장점을 가진다.

(1) NC 가공 영역과 가공 방법

 금형 설계된 조립도를 기반으로 상하의 인서트 캐비티와 코어를 내보내기하여 기계가공으로 진행할 수 있고, 제품을 기반으로 상하의 캐비티 코어 분할을 통해 신속한 NC가공을 할 수 있으며 일체형과 인서트 형식의 특성을 고려하여 정밀도 있는 금형제작을 위하여 기계를 선정한다. 일체형의 경우 공작물이 큰 특성으로 중대형 기계를 선정하고 통상적으로 정밀도가 낮은 특성이 있다. 사출성형 시 형체력을 고려한 가공이 필요하다. 인서트 유형의 경우 생산수량과 재질 그리고 열처리 여부를 고려하여 가공해야 한다. 열처리를 하는 경우 통상

변형을 고려한 가공여유를 남기고 중정삭을 진행한 뒤 열처리를 하고 열처리된 인서트 캐비티와 코어를 최종정삭을 한다.

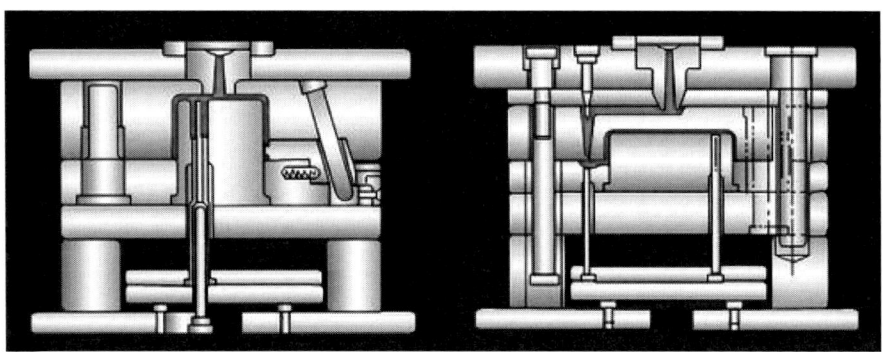

[그림1-1] 2단 금형과 3단 금형의 조립도

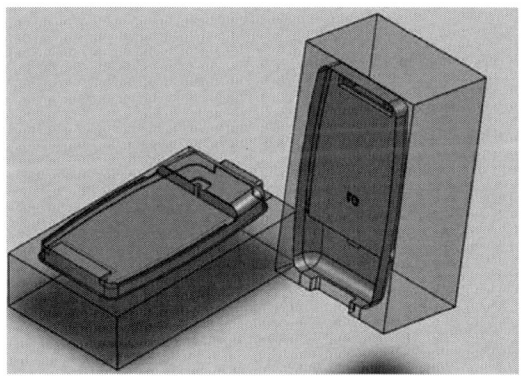

[그림1-2] 코어와 캐비티

2. 공정계획표

제품제작 프로세스를 보면 초기 상품기획에서부터 설계를 통해 MOCK-UP을 먼저 제작하여 개발에 착수한다. 설계, 구매, 금형, 사출 등의 금형구도 검토회의를 거쳐 금형설계에 들어가고, 가공은 자체 가공센터가 있는 경우 사내에서 진행하거나 또는 외주에 가공을 의뢰한다. 가공된 금형을 검사하고 조립하여 제품을 사출하고 측정을 통해 전체 프로세스가 진행된다.

금형의 공정계획표를 보면 초기 발주에서 금형설계, 생산수량을 고려한 소재선택, 부품별 금형제작가공, 중간 치수검사, 금형조립사상가공, 1차 시험사출, 제품검사, 양산 또는 특성을 고려한 금형수정, 2차 시험 사출, 양산으로 진행된다. 아래의 그림은 금형제작 프로세스와 금형공정계획표이다.

사출금형 부품가공

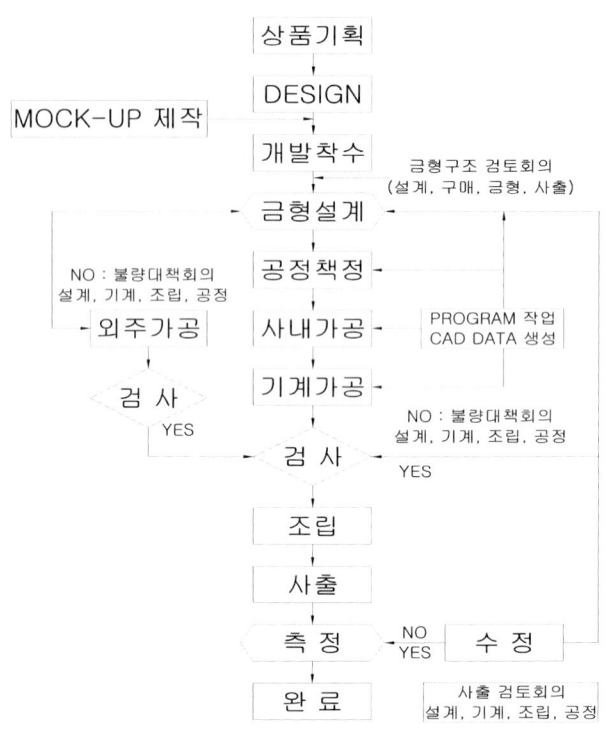

2 가공 부품 결정

작업자는 조립도와 부품도를 분석하고, 도면에 명시된 치수관계 및 위치도와 형상 공차를 잘 검토하고 적용하여, 제작에 임하여야 한다.

전반적인 부품의 가공에 대한 부분은 생략하고 상 고정판과 가동측 코어를 가공 부품으로 결정한다.

[그림1-3] 가동측 코어

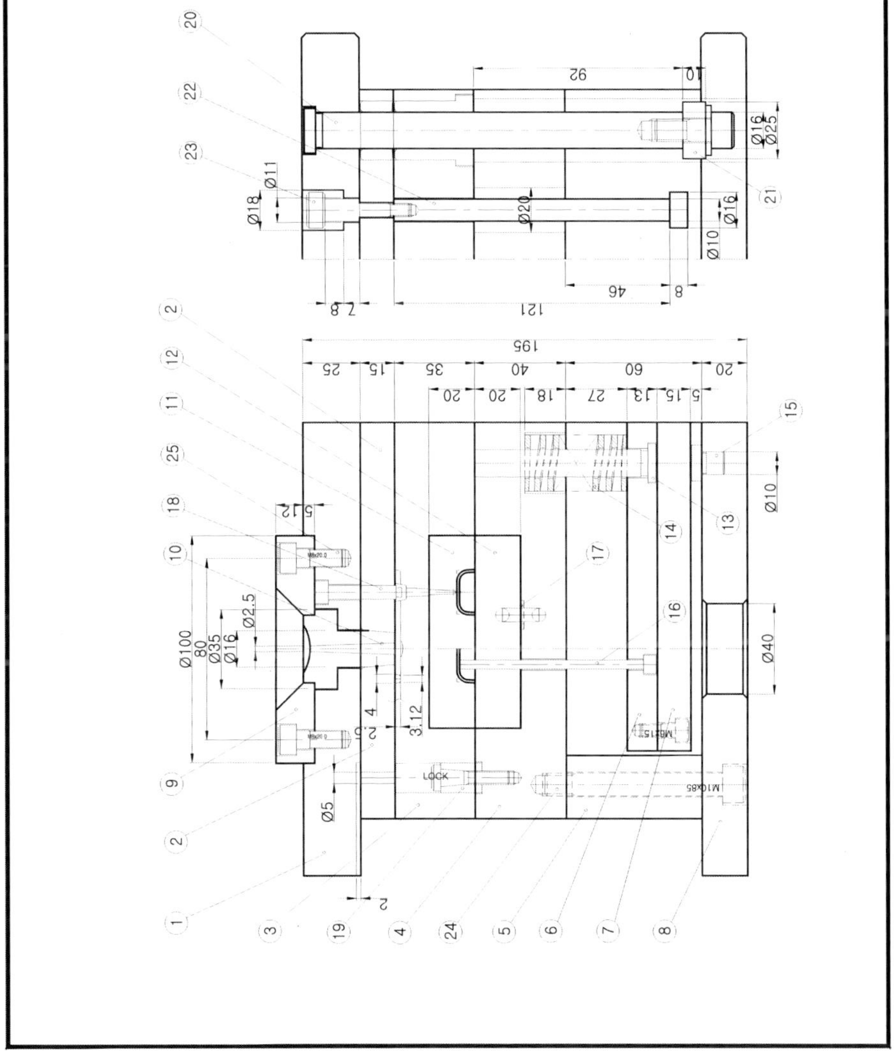

주서

1. MOLD BASE : 15 20 DC 35 40 60
2. 성형 수지 : ABS
3. 성형 수축률 : 5/1000
4. CAVITY : 1 X 2
5. 게이트 : PIN POINT GATE
6. 기본 빼기구배 : 1°
7. 기본 살두께 : 1.5
8. 금형 전체 직각도,평행도 0.02 ~ 0.03이내
9. 표면 거칠기

   $\dfrac{W}{}$ = 25S

   $\dfrac{X}{}$ = 6.3S

   $\dfrac{Y}{}$ = 0.8S

품번	품 명	재질	수량	비고
25	볼 트	규격품	4EA	
24	볼 트	규격품	4EA	
23	풀러볼트	SK3	4EA	
22	인장볼	SK3	4EA	
21	써포트키리	SUJ2	4EA	
20	써포트 린	규격품	2EA	
19	PL록크	STD61	2EA	HRC60
18	리다메크린	고 무	6EA	
17	O-RING	STD61	6EA	HRC60
16	이젝트린	SM45C	4EA	
15	리턴 스프링	SM45C	4EA	
14	리타린	SUJ2	4EA	HRC55
13	가동측고어	KP-4	1EA	
12	고정측고어	KP-4M	1EA	
11	스푸루부시	SCM4	1EA	
10	로케이트링	SM45C	1EA	
9	가동측설치판	SM45C	1EA	
8	하원판	SM45C	1EA	
7	서포린	SM45C	1EA	
6	스페이스블럭	SM45C	2EA	
5	가동측형판	SM45C	1EA	
4	고정측형판	SM45C	1EA	
3	러너 스트리퍼판	SM45C	1EA	
2	고정측설치판	SM45C	1EA	
1	PAD			

척도 1:1 / 3각법

[그림1-4] 단면 조립도

사출금형 부품가공

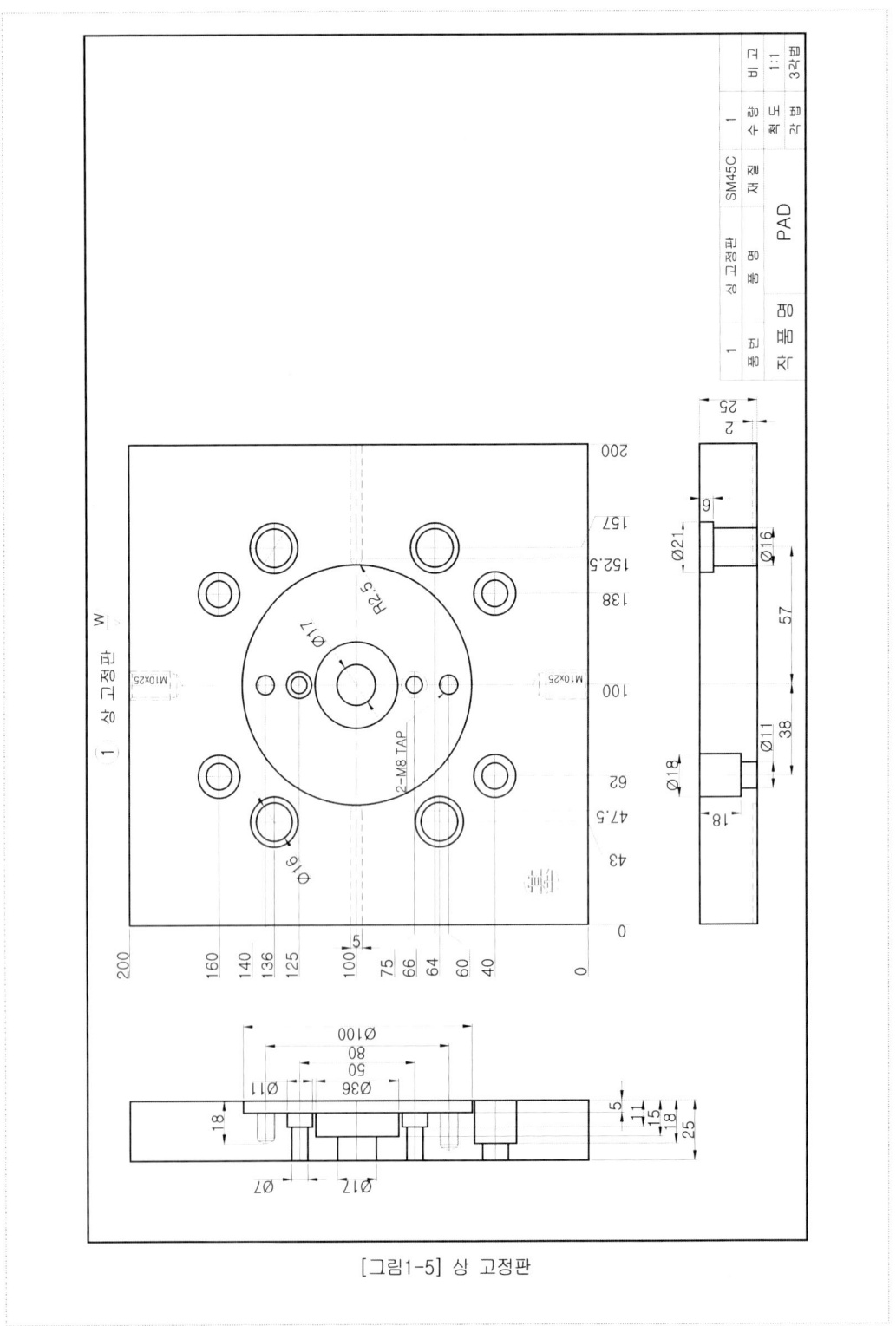

[그림1-5] 상 고정판

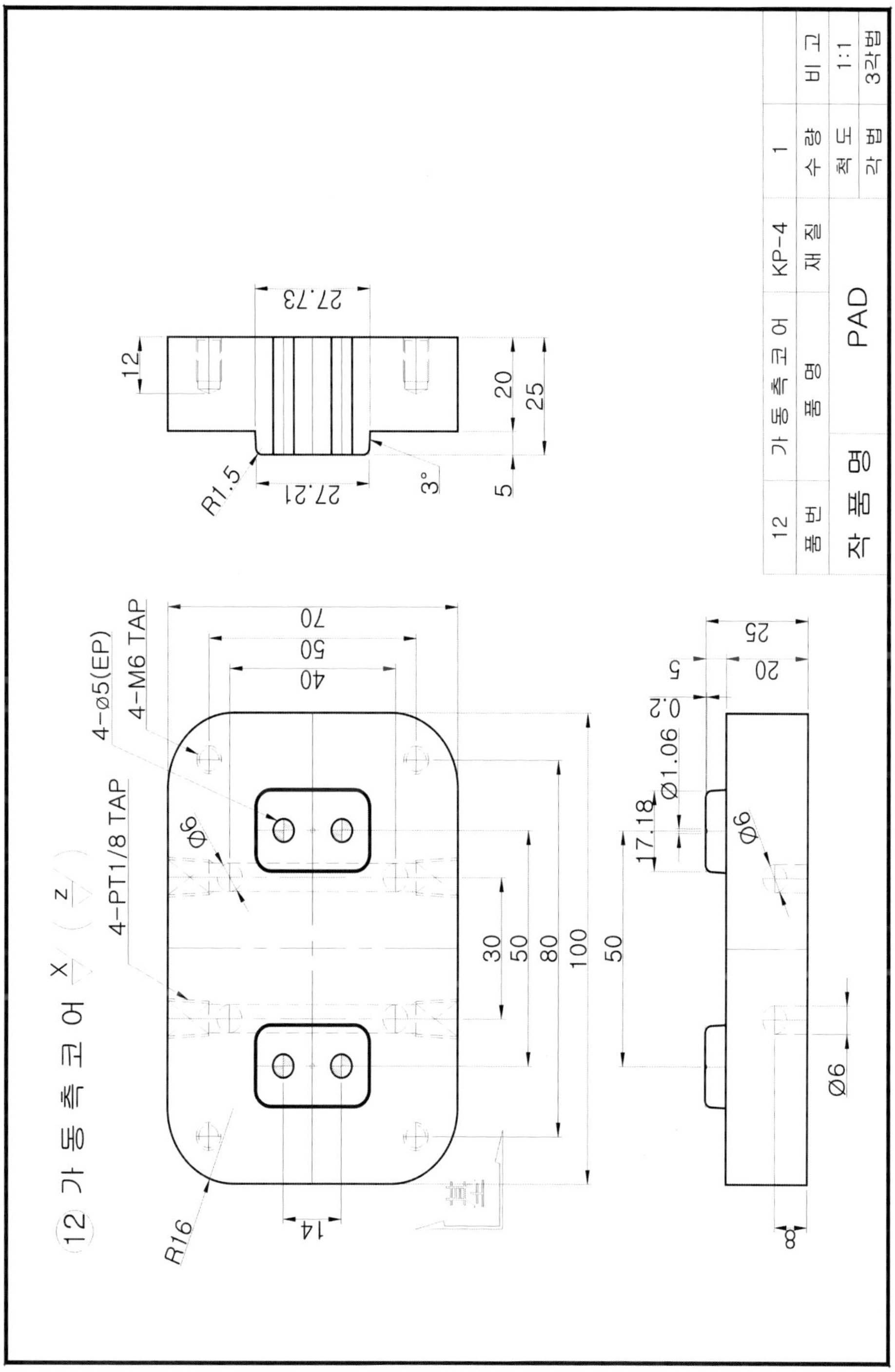

[그림1-6] 가동측 코어

사출금형 부품가공

실기 내용 상 고정판과 가동측 코어 가공 공정 작성

① 상 고정판과 가동측 코어 가공 공정 작성

1. 상 고정판 가공 공정

(1) 가공 순서

 가. 작업 준비를 한다.
 나. 상 고정판의 육 면을 가공한다.
 다. 상 고정판의 윗면을 가공한다.
 라. 상 고정판의 뒷면을 가공한다.
 마. 상 고정판의 앞면 및 측면을 가공한다.

(2) 상 고정판의 윗면 가공 공정

여기서는 상 고정판의 윗면을 가공하는 공정을 다음과 같이 결정한다.

 가. 1공정 : 센터드릴 공정
 나. 2공정 : 드릴 공정
 다. 3공정 : 탭 공정
 라. 4공정 : 엔드밀 공정

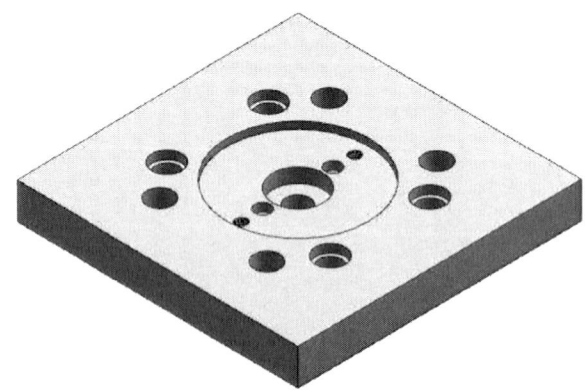

[그림1-7] 상 고정판 윗면 가공 완료

2. 가동측 인서트코어 가공 공정

(1) 가공 순서

 가. 작업 준비를 한다.
 나. 가동측 코어의 육 면을 가공한다.
 다. 가동측 코어의 윗면을 가공한다.
 라. 가동측 코어의 뒷면을 가공한다.
 마. 가동측 코어의 앞면 및 측면을 가공한다.

(2) 가동측 코어의 윗면 가공 공정
여기서는 가동측 코어의 윗면을 가공하는 공정을 다음과 같이 결정한다.

가. 1공정 : CAVITY_MILL(황삭)

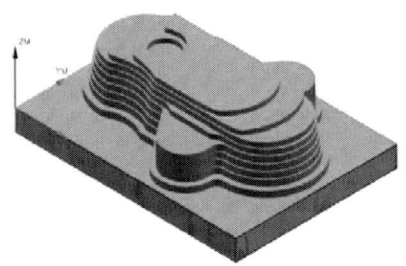

[그림1-8] 황삭 가공 완료

나. 2공정 : CONTOUR_AREA(정삭)

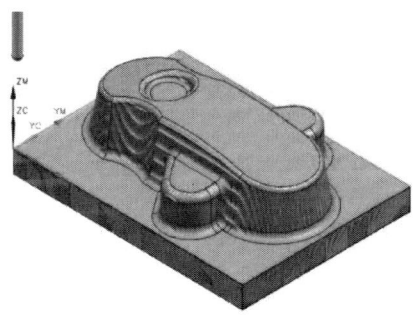

[그림1-9] 정삭 가공 완료

다. 3공정 : FLOWCUT_SINGLE(잔삭)

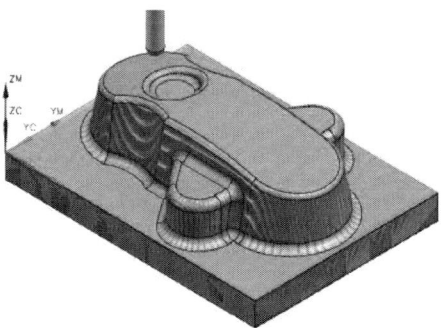

[그림1-10] 잔삭 가공 완료

사출금형 부품가공

장비 및 도구, 소요재료

구 분	명 칭	규격(사양)	1대당 활용인원
장 비	컴퓨터(S/W 포함)	파라메트릭 모델링 가능	1명
	프린터	A3 이상	5명
공 구	측정기류		5명
소요재료	복사용지		1명
	펜		1명

안전유의사항

1. 안전유의사항
 1) 기계가공 시 지켜야할 안전수칙 준수
 2) 조립도와 부품도면의 면밀한 검토로 가공할 부품 리스트를 확인
 3) 조립도, 사양서, 제품도를 이해하고 숙지하여 정확히 파악 하는 태도

관련 자료

1. 관련 자료
 1) 사출금형 제작 사양서
 2) 사출금형 조립도 및 부품도
 3) 사출금형 파트 리스트
 4) 사출금형 표준 부품
 5) 해당 회사 업무 표준서
 6) 금형재료 및 가공특성 등 관련 기술자료
 7) KS 및 ISO 규격

단원명 1 가공용프로그램 생성하기

1-2　수동프로그램 작성

| 교육훈련 목표 | • 준비기능, 보조기능을 파악하여 수동 프로그램을 작성할 수 있다. |

| 필요 지식 | 좌표어, 준비기능, 보조기능 등 |

1　좌표어와 제어축

1. 좌표어

공구의 이동을 지령하며, 이동 축을 표시하는 어드레스와 이동방향과 이동량을 지령하는 수치로 이루어져 있다.

좌 표 어		내 용
기 본 축	X, Y, Z	서로 직교하는 3축에 대응하는 어드레스로 좌표의 위치나 거리를 지정
부 가 축	A, B, C U, V, W	부가축의 어드레스로 회전축의 각도와 축의 길이 및 위치를 지정
원 호 보 간	R	원호 반지름을 지정
	I, J, K	X, Y, Z를 따라가는 원호의 시작점부터 원호중심까지의 거리를 지정

2. 제어축

머시닝센터에서 제어축은 좌표어의 X, Y, Z를 사용하여 제어축을 지령하며, 각 축에 대한 회전축에 A, B, C를 사용하기도 하며 이를 부가축이라 한다.

3. 좌표축

프로그램을 작성할 때 기계 좌표축과 운동기호가 다르면 프로그램 작성 시 혼란이 생기므로 사용하는 좌표계는 표준 좌표계인 오른손 좌표계를 사용하며, 실제는 가공 시 테이블과 주축이 움직이지만 공작물은 고정되어 있고 공구가 이동하면서 가공하는 것처럼 프로그램 한다.

사출금형 부품가공

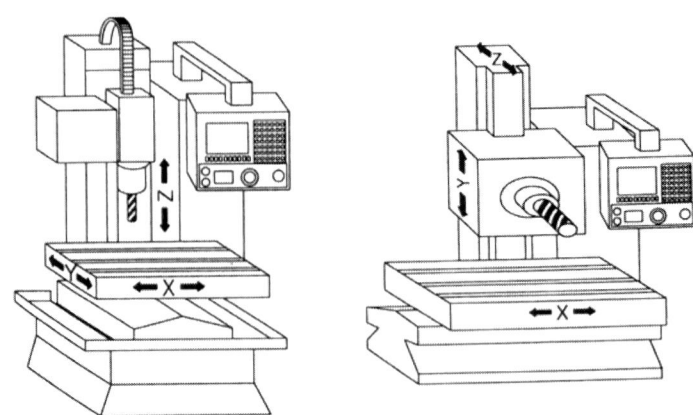

[그림1-11] 머시닝센터 좌표축

2 기타 기능

1. 주축 기능

주축의 회전 속도(rpm)를 지정하는 기능으로 "S" 다음에 4자리 숫자 이내로 지정한다.

(1) 머시닝센터에서 사용

G97 S1500 M03(1500 rpm으로 정회전)

(2) 선반에서 사용

G96 S150 M03(절삭속도가 150m/min로 정회전)

2. 공구 기능

공구의 선택기능으로 "T" 다음에 2자리 숫자로 지령하여 일반적으로 공구매거진에 공구 포트 수만큼 지령할 수 있다.
T12 M06(12번 공구로 교환)

3. 이송 기능

(1) 분당이송(G98)
공구를 분당 얼마만큼 이동하는가를 F로서 지령하며 밀링계의 종류에서 많이 사용한다.
(가) 지령방법

```
G98 F__ ;
```

F : 1분간에 해당하는 이동량, 단위 : mm/min

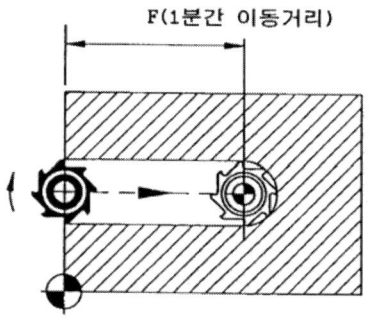

[그림1-12] 분당 이송

(2) 회전당 이송(G99)

공구를 주축 1회전당 얼마만큼 이동하는가를 F로 지령하며 선반계의 종류에서 많이 사용한다.

(가) 지령방법

```
G99  F__ ;
```

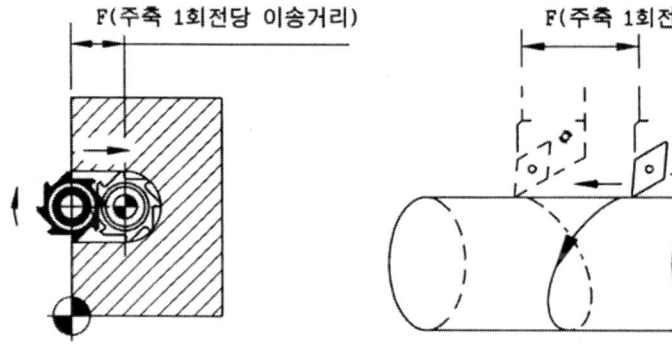

[그림1-13] 회전당 이송

관계식 : $F = f \times N$

F : 분당이송 (mm/min)

f : 회전당 이송 (mm/rev)

N : 주축회전수 (rpm)

사출금형 부품가공

③ 보조기능 및 준비기능

1. 어드레스

어드레스(address)는 영문 대문자 중 1개로 표시되며, 각각의 어드레스 기능은 아래와 같다.

<표1-1> 어드레스와 의미

어드레스	기 능	의 미
프로그램 번호	O	프로그램의 이름에 해당
전개번호	N	지령절의 첫머리에 주소N 과 함께 임의의 4자리 숫자 이내로 한다.(생략할 수 있다.) 예) N0093 : 블록의 전개번호가 93
준비기능	G	동작조건을 정의 (직선, 원호) NC 지령절의 제어기능을 준비하기 위한 기능
좌 표 어 (지령단위 mm나 inch)	X, Y, Z	각 축의 이동 위치를 명령
	A, B, C	부가축의 이동명령
	I, J, K	원호 중심까지의 거리
	R	원호의 반경지정
이송 기능	F	이송속도(Feedrate)로서 공작물과 공구의 상대속도를 지정 보통 NC선반은 mm/rev, 머시닝센터는 mm/min으로 표시
주축 기능	S	주축의 회전수를 지령하는 기능으로 주축motor의 회전속도를 제어한다. 보통 주소 S 다음에 2자리수나 4자리수로 표시 예) S1500 :1500 rpm을 의미.
공구 기능	T	공구의 선택과 공구 교환 및 공구 보정 예) T03 : 3번 공구 지령. 즉, 공구선택번호가 3번을 의미
보조 기능	M	1)기계 보조장치의 ON/OFF 기능 : M03, M04, M05, M06, M08, M09 등 2)프로그램 제어기능 : M00, M02, M30, M98, M99 등
휴지 시간	P, X, U	휴지시간 지정
프로그램 번호 지정	P	보조 프로그램 호출
전개번호	P, Q, R	고정 사이클의 파라미터
반복 횟수	L	프로그램 반복 횟수 지정
EOB	;	블록 의 끝

2. 보조기능

기계의 ON/OFF 제어에 사용하는 보조 기능은 "M" 다음에 2자리 숫자로 지령한다.

<표1-2> 보조기능(M코드)

코드	기 능
M00	프로그램 정지 (Program Stop)
M01	선택적 멈춤 (Optional Stop)
M02	프로그램 끝냄 (End Of Program)
M30	프로그램 끝냄 (End Of Tape)
M03	주축 정 회전 (Spindle Forward Running)
M04	주축 역 회전 (Spindle Reverse Running)
M05	주축 정지 (Spindle Stop)
M08	냉각수 ON (Coolant ON)
M09	냉각수 OFF (Coolant OFF)
M10	척 잠김 (Chuck Clamp)
M11	척 풀림 (Chuck Unclamp)
M16	공구 교환 모드
M19	주축 정 위치 (Spindle Orientation On)
M20	주축 정 위치 해제 (Spindle Orientation Off)
M40	TOOL PORT GRIP ON
M41	TOLL PORT GRIP OFF
M98	부 프로그램의 호출
M99	호출된 프로그램의 복귀

2. 준비기능

어드레스 G아래 2자리 수치로서 블록내의 공구 및 각 축의 동작, 프로그램 좌표계설정 등 CNC제어장치의 기능을 동작하기 위한 기능을 의미한다.

(1) 준비기능의 구분

<표1-3> 준비기능의 구분

종 류	의 미	Group
1회 지령 코드	명령된 블록에 한하여 G Code가 수행	"00" 그룹
연속 지령 코드	동일그룹의 다른 G Code가 나올 때까지 유효한 기능	"00" 이외의 그룹

※ 한 블록 내에서 동일그룹의 G Code는 하나만 사용할 수 있다.

사출금형 부품가공

(2) G코드 종류

G Code는 "G" 다음에 "00"에서 "99"까지의 두자리 숫자로 지정한다.

<표1-4> 준비기능(G코드)

G-코드	그룹	기 능	G-코드	그룹	기 능
G00	01	급속 위치결정(급속이송)	G73		고속심공 드릴 싸이클
G01		직선보간(직선가공)	G74		역 탭핑 싸이클(왼나사)
G02		원호보간 CW(시계방향)	G76		정밀보링 싸이클
G03		원호보간 CW(반시계방향)	G80		고정 싸이클 취소
G04	00	드웰(Dwell)	G81		드릴 / Spot 드릴 싸이클
G17	02	X-Y 평면지정	G82		드릴 / 카운터 보링 싸이클
G18		Z-X 평면지정	G83	09	심공 드릴 싸이클
G19		Y-Z 평면지정	G84		탭핑 싸이클
G20	06	Inch Data 입력	G85		보링 싸이클
G21		Metric Data 입력	G86		보링 싸이클
G27	00	원점복귀 Check	G87		백보링 싸이클
G28		자동원점 복귀 (제 1원점 복귀)	G88		보링 싸이클
G30		제 2원점 복귀	G89		보링 싸이클
G40	07	인선 R보정 말소	G90	03	절대지령
G41		인선 R보정 좌측	G91		증분지령
G42		인선 R보정 우측	G92	00	공작물 좌표계 설정
G43	08	공구길이 보정 "+"	G94	05	분당이송
G44		공구길이 보정 "-"	G95		회전당이송
G49	08	공구길이 보정 취소	G96	13	주속 일정제어
G54	14	공작물 좌표계 선택 1	G97		주속 일정제어 취소
G55		공작물 좌표계 선택 2	G98	10	고정 싸이클 초기점 복귀
G56		공작물 좌표계 선택 3	G99		고정 싸이클 R점 복귀
G57		공작물 좌표계 선택 4			
G58		공작물 좌표계 선택 5			
G59		공작물 좌표계 선택 6			

단원명 1 가공용프로그램 생성하기

| 실기 내용 | 수동 프로그램 작성 |

① 상 고정판 수동 프로그램 작성

1. 상 고정판

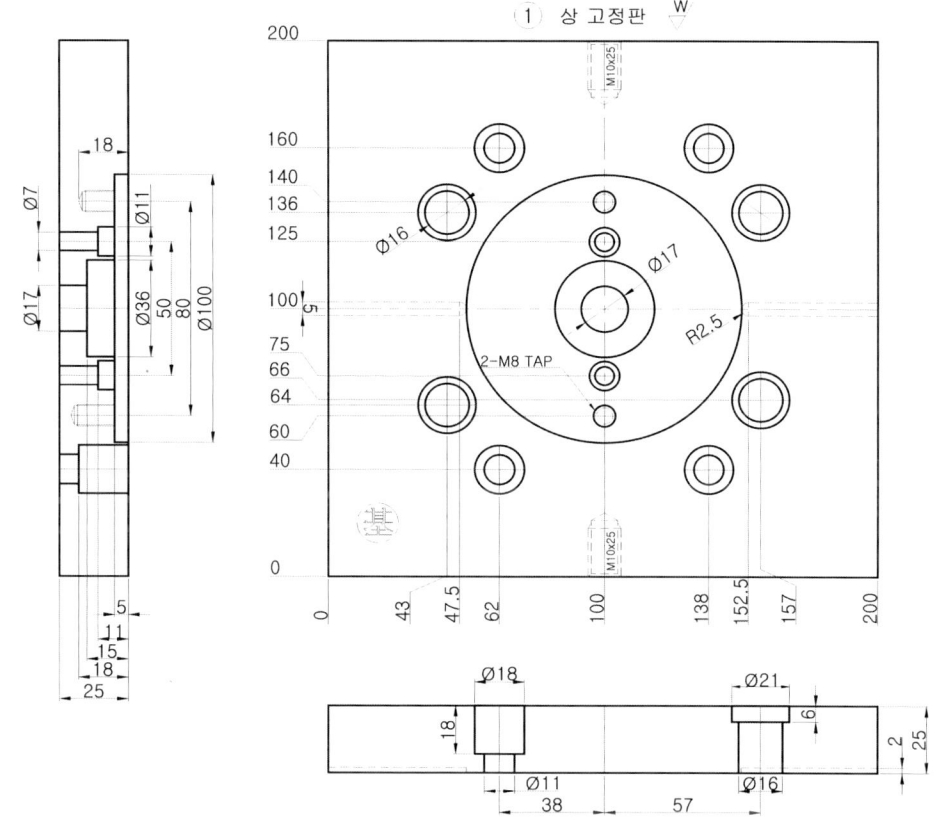

2. 상고정판 프로그램

O1111
G40 G49 G80
G91 G30 Z0.
T01M06 --(센터 드릴 : ⌀3)
G90 G54 G00 X62. Y40. S1000 M03;
G43 Z30. H01 M08
G99 G81 Z-5. R5. F100
X43. Y64.

사출금형 부품가공

```
X43. Y136.
X62. Y160.
X138. Y160.
X157. Y136.
X157. Y66.
X138. Y40.
X100. Y60.
X100. Y75.
X100. Y100.
X100. Y125.
X100. Y140.
G80 G49 G00 Z200. M09
G91 G30 Z0.
T02 M06 ------------------------------------------------------------- ( 드릴 : φ11 )
G90 G54 G00 X62. Y40. S1000 M03
G43 Z30. H02 M08
G99 G73 Z-30. Q7. R5. F100
X43. Y64.
X43. Y136.
X62. Y160.
X138. Y160.
X157. Y136.
X157. Y66.
X138. Y40.
X100. Y100.
G80 G00 Z50.
X100. Y75.
G99 G73 Z-11. Q7. R5. F100
X100. Y125.
G80 G49 G00 Z200. M09
G91 G30 Z0.
T03 M06 -------------------------------------------------------------( 드릴 : φ16 )
G90 G54 G00 X43. Y64. S1000 M03
G43 Z30. H03 M08
G99 G73 Z-30. Q7. R5. F100
X43. Y136.
```

```
X157. Y136.
X157. Y66.
G80 G49 G00 Z200. M09
G91 G30 Z0.
T04 M06 ----------------------------------------------------------------( 드릴 : φ17 )
G90 G54 G00 X100. Y100. S1000 M03
G43 Z30. H04 M08
G99 G73 Z-30. Q7. R5. F100
G80 G49 G00 Z200. M09
G91 G30 Z0.
T05 M06 ----------------------------------------------------------------- ( 드릴 : φ7 )
G90 G54 G00 X100. Y75. S1000 M03
G43 Z30. H05 M08
G99 G73 Z-30. Q7. R5. F100
X100. Y125.
G80 G49 G00 Z200. M09
G91 G30 Z0.
T09 M06 ------------------------------------------------------------- ( 드릴 : φ6.9 )
G90 G54 G00 X100. Y60. S1000 M03
G43 Z30. H09 M08
G99 G73 Z-18. Q7. R5. F100
X100. Y140.
G80 G49 G00 Z200. M09
G91 G30 Z0.
T06 M06 --------------------------------------------------------- ( 탭 : φ8 × 1.25 )
G90 G54 G00 X100. Y60. S300 M03
G43 Z30. H06 M08
G99 G84 Z-18. R5. F375
X100. Y140.
G80 G49 G00 Z200. M09
G91 G30 Z0.
T07 M06 ---------------------------------------------------------------( 엔드밀 : φ18 )
G90 G54 G00 X62. Y40. S1000 M03
G43 Z30. H07 M08
G99 G73 Z-18. Q7. R5. F100
X62. Y160.
```

사출금형 부품가공

```
X138. Y160.
X138. Y40.
G80 G00 Z50.
X100. Y100.
G01 Z-15.
G41 X118. D07
G03 I-18.
G40 G01 X100.
G00 Z30.
G01 Z-5.
G41 X108.5 D07
G03 I-8.5
G40 G01 X100.
G41 X117. D07
G03 I-17.
G40 G01 X100.
G41 X125.5 D07
G03 I-25.5
G40 G01 X100.
G41 X134. D07
G03 I-34.
G40 G01 X100.
G41 X142.5 D07
G03 I-42.5
G40 G01 X100.
G41 X150. D07
G03 I-50.
G40 G01 X100.
G49 G00 Z200. M09
G91 G30 Z0.
T08 M06 ----------------------------------------------------------( 엔드밀 : φ21 )
G90 G54 G00 X43. Y64. S1000 M03
G43 Z30. H08 M08
G99 G73 Z-6. Q7. R5. F100
X43. Y136.
X157. Y136.
```

```
X157. Y66.
G80 G49 G00 Z200. M09
G91 G30 Z0.
M05
M02
```

장비 및 도구, 소요재료

구 분	명 칭	규격(사양)	1대당 활용인원
장 비	컴퓨터(S/W 포함)	파라메트릭 모델링 가능	1명
	프린터	A3 이상	5명
	머시닝센터		5명
공 구	센터드릴	ϕ3	5명
	드릴	ϕ6.9, ϕ7, ϕ11, ϕ16, ϕ17	5명
	탭	M8용	5명
	엔드밀	ϕ18, ϕ21	5명
	측정기류		5명
소요재료	복사용지		1명
	펜		1명
	플레이트	t25×200×200	1명

안전유의사항

1. 안전유의사항
 1) 기계가공 시 지켜야할 안전수칙 준수
 2) 조립도와 부품도면의 면밀한 검토로 가공할 부품 리스트를 확인
 3) 조립도, 사양서, 제품도를 이해하고 숙지하여 정확히 파악 하는 태도

사출금형 부품가공

관련 자료

1. 관련 자료
 1) 사출금형 제작 사양서
 2) 사출금형 조립도 및 부품도
 3) 사출금형 파트 리스트
 4) 사출금형 표준 부품
 5) 해당 회사 업무 표준서
 6) 금형재료 및 가공특성 등 관련 기술자료
 7) KS 및 ISO 규격

단원명 1 가공용프로그램 생성하기

1-3　자동 프로그램 작성

교육훈련 목　　표	• 가공영역을 파악하여 자동 프로그램을 작성할 수 있다.

필요 지식　CAVITY_MILL, CONTOUR_AREA, FLOWCUT_SINGLE

1 황삭, 정삭, 잔삭

1. MILL_CONTOUR

MILL_CONTOUR에는 여러 가공방법이 있으나 CAVITY_MILL, CONTOUR_AREA, FLOWCUT_SINGLE이 주를 이룬다.

(1) CAVITY_MILL

CAVITY_MILL은 Z축을 사용자가 원하는 깊이별로 나누어서 작업을 할 수 있으며, 주로 황삭 가공을 하는데 사용하면 편리하다.

만약, 가공 형상이 평면 가공만이 있는 형상이라면 CAVITY_MILL만으로도 정삭 가공이 가능하다.

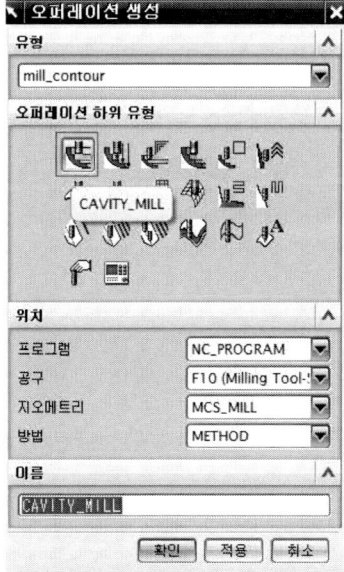

[그림1-14] CAVITY_MILL

(2) CONTOUR_AREA

CONTOUR_AREA는 CAVITY_MILL처럼 Z축을 Cut Level로 나누어 가공하는 것이 아니라 가공 형상의 면을 따라서 가공하는 정삭 가공 방식이다.

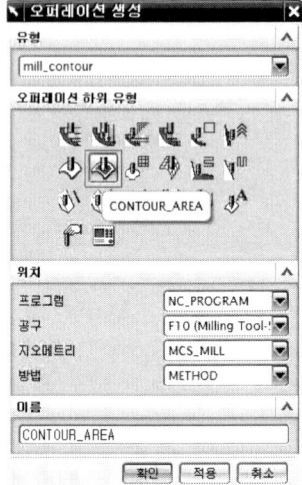

[그림1-15] CONTOUR_AREA

(3) FLOWCUT_SINGLE

FLOWCUT_SINGLE은 이전 공구로 가공되지 않은 부분을 잔삭 처리하는 가공 방식이다.

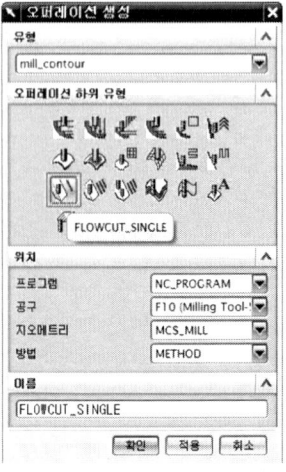

[그림1-16] FLOWCUT_SINGLE

단원명 1 가공용프로그램 생성하기

실기 내용   자동 프로그램 작성 등

1 NC 절삭 지시서

<표1-5> NC 절삭 지시서

NO 공구 번호	작업 내용	파일명	공구조건		경로 간격 (mm)	절삭조건				비고
			종류	직경		회전수 (rpm)	이송 (mm/min)	절입량 (mm)	잔량 (mm)	
01	황삭	01.NC	평E/M	Ø10	5	1200	120	3	0.5	
02	정삭	02.NC	볼E/M	Ø5	0.5	1650	85			
01	잔삭	03.NC	평E/M	Ø10		1200	85			

1. 도면에 명시된 원점을 기준으로 NC data를 생성한다.
2. NC data 생성 후 공구번호, 절삭조건 등을 절삭 지시서에 맞도록 작업한다.
3. 공작물을 고정하는 베이스(20mm) 윗 부분이 절삭가공 되도록 NC data를 생성하여야 한다.

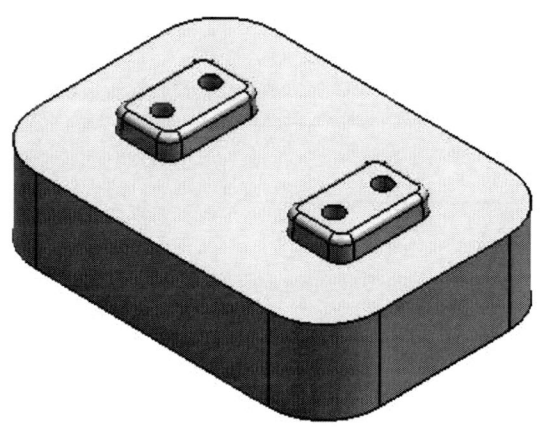

[그림1-17] 가동측 코어

사출금형 부품가공

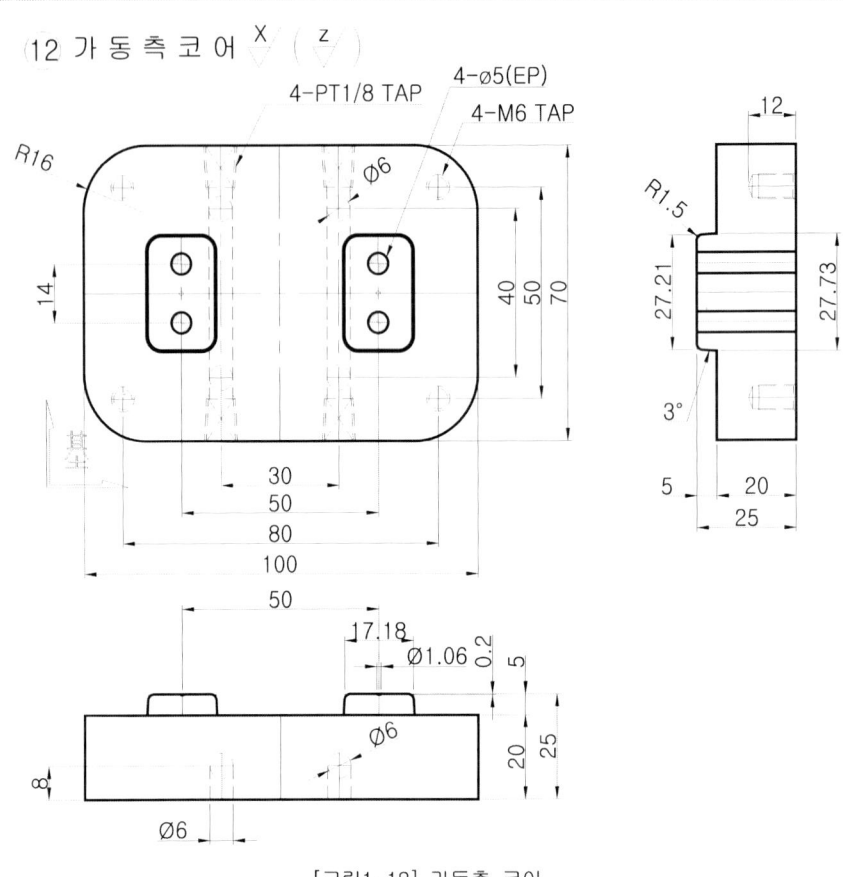

[그림1-18] 가동측 코어

2 모델링 수정

원활한 NC데이터 생성을 위해 그림과 같이 위의 구멍을 메꾼다.

삽입 → 곡면 → 경계 평면을 클릭하고 좌측의 그림과 같이 원의 모서리를 선택하여 구멍을 메꾼다. 나머지 구멍도 반복하여 오른쪽의 그림처럼 모든 구멍을 메꾼다.

3 Manufacturing

1. 황삭 가공

(1) Manufacturing 작업하기(시작 클릭 → Manufacturing 클릭)

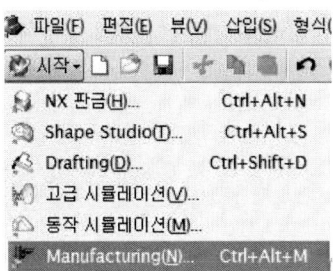

(2) 가공환경 창이 활성화 되면 mill_contour 선택 후 확인
   mill_contour→3D용, mill_planar →2D용

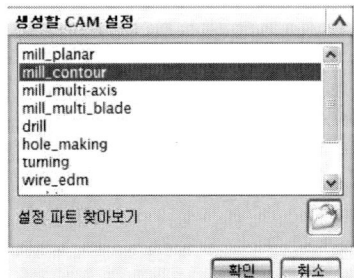

(3) Manufacturing 환경에 들어오면 좌측 리소스바에 오퍼레이션 탐색기가 생성된다.
(4) 오퍼레이션 탐색기의 빈 공간에서 마우스 우측 버튼을 클릭하고 지오메트리 뷰를 클릭한다.

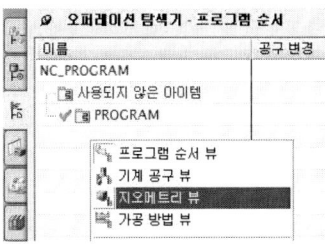

(5) 리소스바 창에서 MCS_MILL과 WORKPIECE를 확인한다.

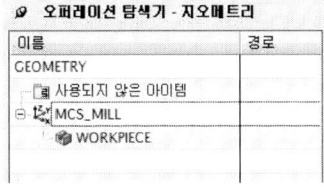

사출금형 부품가공

(6) 가공 원점 설정

위 그림의 MCS_MILL을 더블클릭하고 좌표계 다이얼로그 아이콘을 클릭한다.

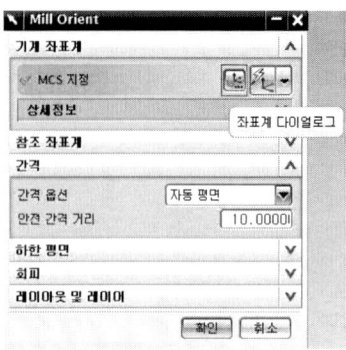

좌표계 창이 뜨면 화면상에서 원점을 지정하고 확인 버튼을 클릭한다.

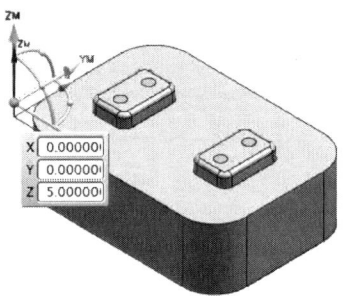

(7) 안전높이 설정

간격 옵션을 평면으로 지정하고 평면 다이얼로그 아이콘 클릭

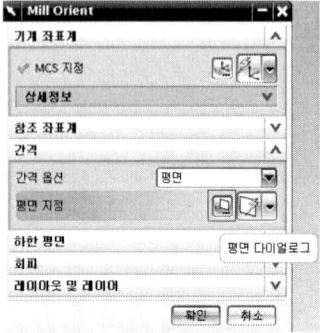

블록의 상단면을 클릭하고 거리는 50을 입력한 후 확인 버튼 클릭

 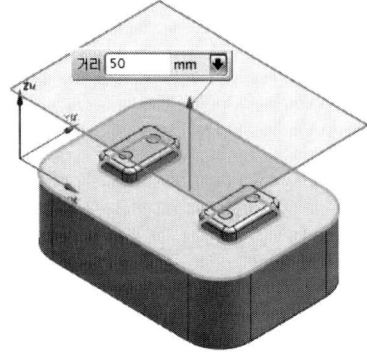

(8) 가공형상 설정

좌측 오퍼레이션 탐색기에서 WORKPIECE를 더블클릭 → 밀링 지오메트리 창이 뜬다. 그림의 파트 지오메트리 선택 또는 편집 아이콘을 클릭

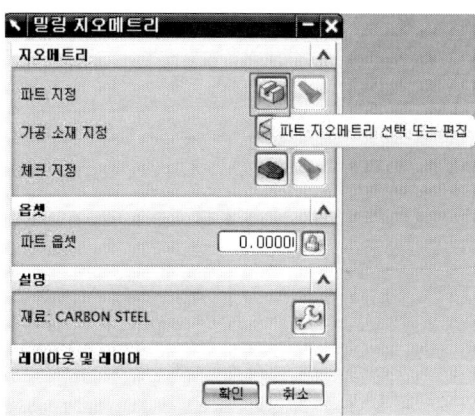

파트 지오메트리 창이 뜨면 모두 선택을 클릭하고 확인을 클릭한다.

사출금형 부품가공

(9) 가공 소재 설정

그림의 아이콘을 클릭

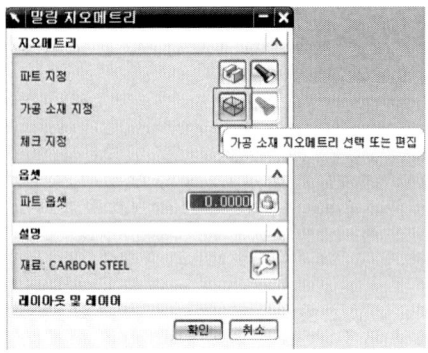

가공 소재 지오메트리 창이 뜨면

자동 블록으로 설정하고 ZM+에 3을 입력하고 확인 클릭

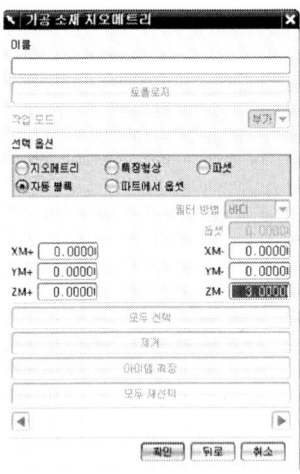
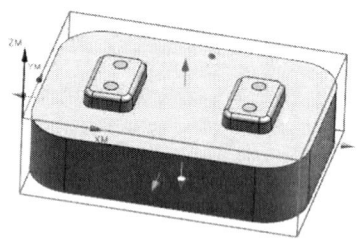

확인을 클릭하여 밀링 지오메트리 창을 종료한다.

단원명 1 가공용프로그램 생성하기

(10) 공구 생성

오퍼레이션 탐색기의 빈 공간에서 마우스 우측 버튼을 클릭하고 기계 공구 뷰를 클릭한다.

(11) 황삭 공구 설정

삽입 → 공구 클릭하고 아래와 같이 설정한다.

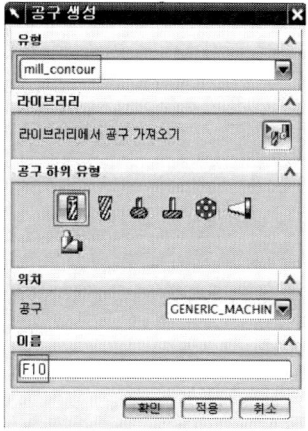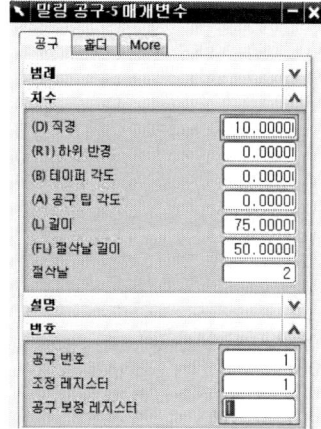

(12) 정삭 공구 설정

삽입 → 공구 클릭하고 아래와 같이 설정한다.

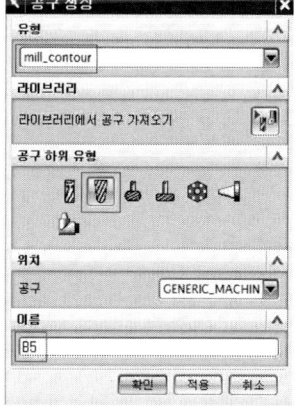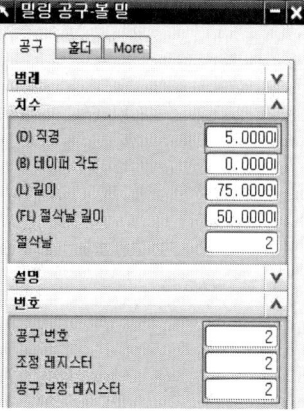

사출금형 부품가공

(13) 오퍼레이션 탐색기 영역에서 마우스 우측 버튼을 클릭하고 프로그램 순서 뷰를 클릭

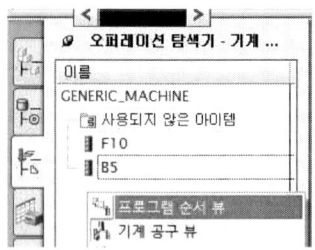

(14) 황삭 Tool Path 생성 (삽입 → 오퍼레이션 클릭)
그림과 같이 설정하고 확인 버튼을 클릭

절삭 영역 지정 아이콘을 클릭한다.

모두 선택 클릭

단원명 1 가공용프로그램 생성하기

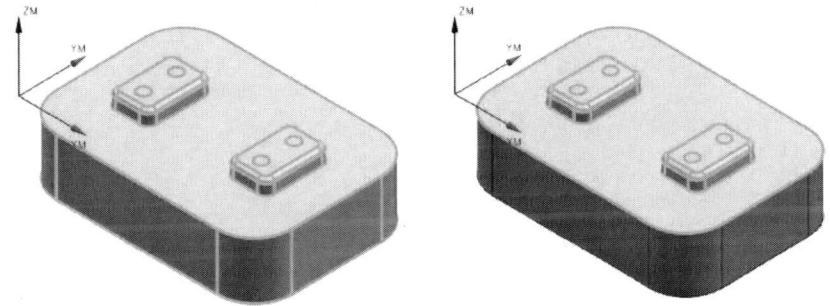

나타난 대화상자에서 모두선택을 클릭하면 아래 그림의 좌측과 같이 되는데 아래 그림의 우측과 같이 주황색 면을 제외한 면을 Shift키를 누른 상태에서 클릭하여 선택 해제 시킨다. 이렇게 하면 블록의 상단면만 황삭 가공 데이터를 생성할 수 있다.

아래와 같이 설정하고 절삭 매개변수 클릭

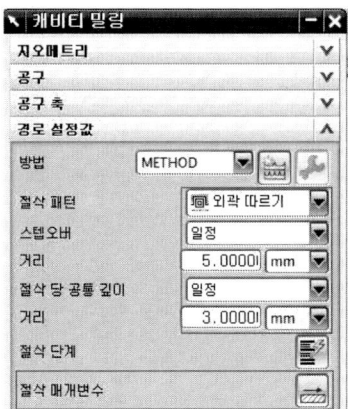

전략 탭에서 패턴 방향은 안쪽으로 설정하고 벽면의 아일랜드 클린업을 체크한다.

스톡 탭에서 정삭 잔량 0.5를 입력 하고 확인 클릭

이송 및 속도 클릭

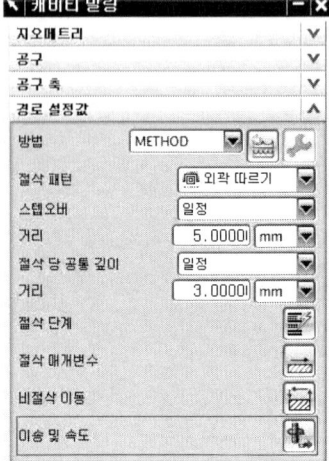

아래와 같이 입력하고 확인 클릭

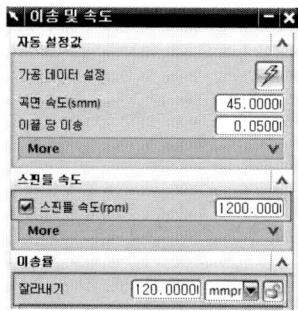

작업의 생성 아이콘 클릭하고 확인 버튼 클릭

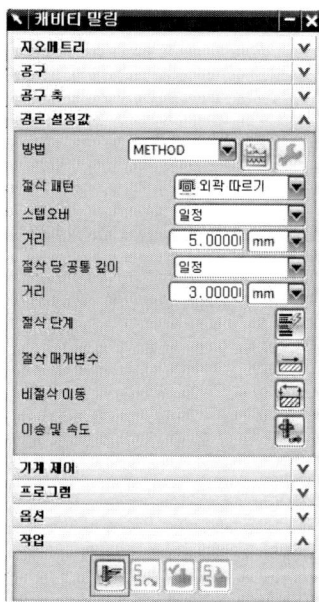

그림과 같이 황삭 Tool Path가 생성된다.

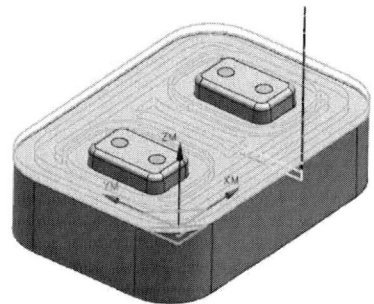

2. 정삭 가공

(1) 정삭 Tool Path 생성(삽입 → 오퍼레이션 클릭)

그림과 같이 설정하고 확인 버튼을 클릭

절삭 영역 지정 아이콘 클릭

모두 선택 클릭

단원명 1 가공용프로그램 생성하기

　나타난 대화상자에서 모두선택을 클릭하면 아래 그림의 좌측과 같이 되는데 아래 그림의 우측과 같이 주황색 면을 제외한 면을 Shift키를 누른 상태에서 클릭하여 선택 해제 시킨다. 이렇게 하면 블록의 상단면만 정삭 가공 데이터를 생성할 수 있다.

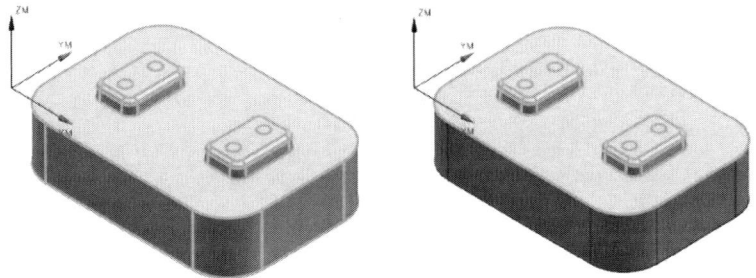

방법의 편집 아이콘 클릭

그림과 같이 설정하고 확인 클릭

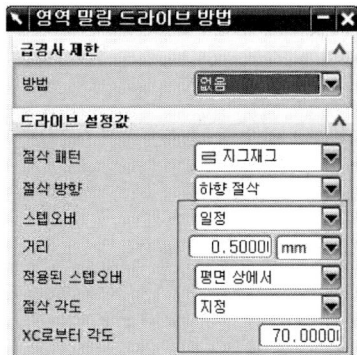

41

사출금형 부품가공

이송 및 속도 아이콘 클릭

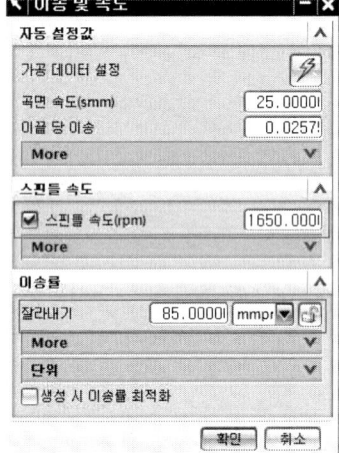

작업의 생성 아이콘 클릭

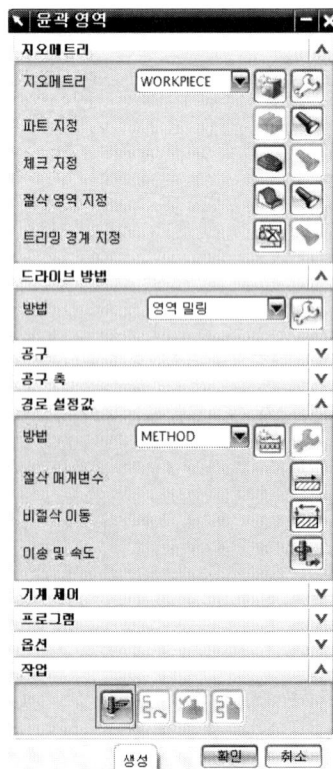

단원명 1 가공용프로그램 생성하기

그림과 같이 정삭 Tool Path가 생성된다.

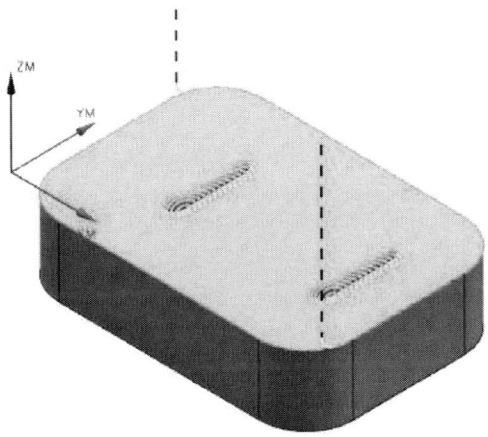

3. 잔삭 가공

(1) 잔삭 Tool Path 생성(삽입 → 오퍼레이션 클릭)

그림과 같이 설정하고 확인 클릭

이송 및 속도 아이콘 클릭

그림과 같이 설정하고 확인 클릭

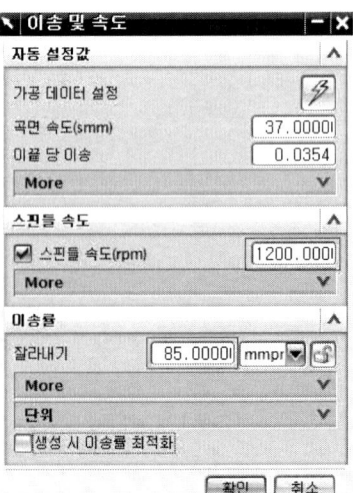

작업의 생성 아이콘 클릭하고 확인 클릭

그림과 같이 잔삭 Tool Path가 생성된다.

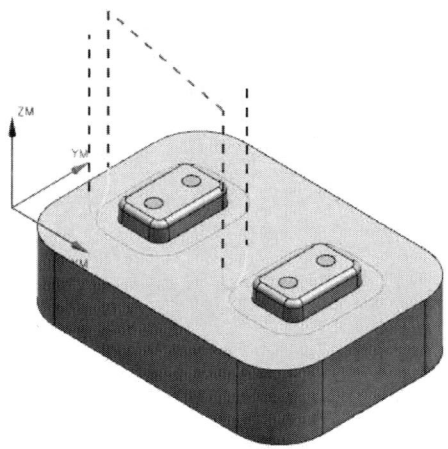

4. NC Data생성

(1) 황삭 NC DATA 생성

CAVITY_MILL에서 마우스 우측 버튼을 클릭하고 포스트프로세스를 클릭한다.

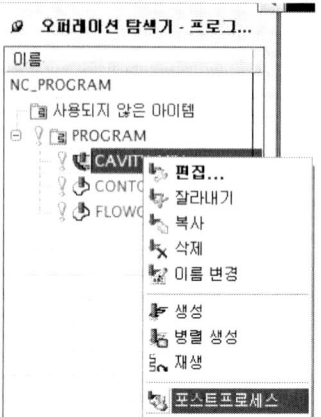

그림과 같이 설정하고 확인 클릭

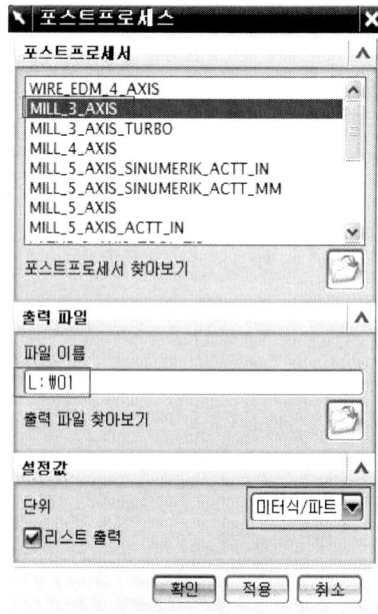

(2) 정삭 및 잔삭 NC DATA 생성

위의 과정과 동일하게 생성하며 정삭은 파일 이름을 02, 잔삭은 파일 이름을 03으로 저장한다.

5. NC Data수정

(1) 그림과 같이 ptp로 생성된 확장자를 nc로 변경한다.

01.ptp　　01.nc
02.ptp → 02.nc
03.ptp　　03.nc

(2) NC Data 수정 전
```
%
N0010 G40 G17 G90 G70
N0020 G91 G28 Z0.0
:0030 T01 M06
N0040 G0 G90 X42.393 Y-5.06 S1200 M03
N0050 G43 Z45. H01
N0060 Z.75
N0070 G1 Z-2.25 F120. M08
```

(3) NC Data 수정 후
```
%
N0010 G90 G80 G40 G49 G17
N0030 T01 M06
N0040 G0 G90 X42.393 Y-5.06 S1200 M03
N0050 G43 Z45. H01 M08
N0060 Z.75
N0070 G1 Z-2.25 F120.
```

(4) 정삭과 잔삭 NC Data도 같은 방법으로 수정한다.

사출금형 부품가공

장비 및 도구, 소요재료

구 분	명 칭	규격(사양)	1대당 활용인원
장비	컴퓨터(S/W 포함)	파라메트릭 모델링 가능	1명
	프린터	A3 이상	5명
	머시닝센터		5명
공구	평엔드밀	$\phi 10$	5명
	볼엔드밀	$\phi 5$	5명
	측정기류		5명
소요재료	복사용지		1명
	펜		1명
	플레이트	t25×100×70	1명

안전유의사항

1. 안전유의사항
 1) 기계가공 시 지켜야할 안전수칙 준수
 2) 조립도와 부품도면의 면밀한 검토로 가공할 부품 리스트를 확인
 3) 조립도, 사양서, 제품도를 이해하고 숙지하여 정확히 파악 하는 태도

관련 자료

1. 관련 자료
 1) 사출금형 제작 사양서
 2) 사출금형 조립도 및 부품도
 3) 사출금형 파트 리스트
 4) 사출금형 표준 부품
 5) 해당 회사 업무 표준서
 6) 금형재료 및 가공특성 등 관련 기술자료
 7) KS 및 ISO 규격

단원명 1 가공용프로그램 생성하기

단원명 1 | 교수방법 및 학습활동

교수 방법

- 강의법·토의법·목표도달학습
  사출금형 부품가공에서 조립도 확인방법, 고정측 및 가동측 부품을 구분하는 방법, 표준부품과 가공부품을 구분하고, 가공부품에 대한 공정을 작성하고, 수동 및 자동 프로그램을 작성할 수 있도록 설명함으로서 학습자들이 스스로 학습 목표에 도달할 수 있도록 유도한다.

학습 활동

- 강의법
  학생이 교사에게 집중하고, 교사가 수업의 주도권을 쥘 수 있으므로 학습내용 중 중요한 부분은 강의법을 이용하여 학습한다.
- 토의법
  사출금형 부품가공에서 사양서 및 조립도, 부품도에 관한 특이 사항 등을 5인 1조로 편성된 그룹별로 토의 한 후 토의된 자료를 발표하고 발표한 내용에 대해서 동료 학생 또는 교사와 질의 응답시간을 가진 후 학습결과를 정리하는 방법으로 수업을 진행한다.
- 목표도달 학습법
  학습을 여러 작은 단원(세부 단원별)으로 나누어 실시하고, 각 단원마다 학습종료 후 학습결과를 진단하고, 진단결과가 미흡하거나 불완전하면 다시 반복 학습하여 성취도를 향상시키면서 완전 성취여부를 확인하는 방법으로 학습한다.

사출금형 부품가공

단원명 1 | 평가

평가 시점

- 사출금형 부품가공의 가공용 프로그램 생성하기에 대한 평가 시점은 가공 부품도를 파악한 후 가공 공정 작성은 교육 중 질의응답으로 평가하며, 수동 프로그램 및 자동 프로그램 작성은 교육 후 실기 시험으로 평가한다.

평가 준거

평가자는 피평가자가 수행 준거 및 평가 내용에 제시되어 있는 내용을 성공적으로 수행할 수 있는지를 평가해야 한다. 평가자는 다음 사항을 평가해야 한다.

평가영역	평가항목	성취수준		
		우수하다	보통이다	미흡하다
1. 가공용 프로그램 생성하기	1-1. 가공 부품도를 파악한 후 가공 공정 작성			
	1-2. 수동프로그램 작성			
	1-3. 자동 프로그램 작성			

평가 방법

평가영역	평가항목	평가방법
1. 가공용 프로그램 생성하기	1-1. 가공 부품도를 파악한 후 가공 공정 작성	질의응답 및 실습장 평가
	1-2. 수동프로그램 작성	
	1-3. 자동 프로그램 작성	

단원명 1 가공용프로그램 생성하기

평가 문제

1. 아래 보조기능에서 비어 있는 칸에 보조기능 코드를 넣으시오.

코드	기 능
M00	프로그램 정지 (Program Stop)
	선택적 멈춤 (Optional Stop)
	프로그램 끝냄 (End Of Program)
	프로그램 끝냄 (End Of Tape)
	주축 정 회전 (Spindle Forward Running)
	주축 역 회전 (Spindle Reverse Running)
	주축 정지 (Spindle Stop)
	냉각수 ON (Coolant ON)
	냉각수 OFF (Coolant OFF)

1. 아래 준비기능에서 비어 있는 칸에 준비기능 코드를 넣으시오.

G-코드	기 능
G73	고속심공 드릴 싸이클
	역 탭핑 싸이클(왼나사)
	정밀보링 싸이클
	고정 싸이클 취소
	드릴 / Spot 드릴 싸이클
	드릴 / 카운터 보링 싸이클
	심공 드릴 싸이클
	탭핑 싸이클
	보링 싸이클
	보링 싸이클
	백보링 싸이클
	보링 싸이클
	보링 싸이클

사출금형 부품가공

피드백

1. 문제해결 시나리오
- 문제 해결 진행 과정 중 필요시마다 피드백을 제공하여 문제 해결을 용이하게 한다.

2. 사례연구
- 사례연구 결과를 모든 학습자들끼리 공유하여 확인 학습할 수 있도록 데이터화여 제시
- 제출한 내용을 평가한 후에 수정 사항과 주요 사항을 표시하여 다음 수업 시작 시간에 확인 설명

3. 구두발표
- 발표 과정마다 오류 사항과 주요 사항을 점검, 조정

단원명 2 부품 세팅하기

단원명 2   부품 세팅하기(15230206_14v2.2)

2-1   기계에 대한 사양을 파악

| 교육훈련 목표 | • 기계에 대한 사양을 파악할 수 있다. |

필요 지식   공작기계 분류 및 선정

1 공작기계 분류 및 선정

1. 가공 방법에 의한 공작기계 분류

```
           ┌─ 공구에 의한 절삭 ─┬─ 고정공구 : 선삭, 평삭, 형삭, 슬로터, 브로칭
절삭가공 ──┤                    └─ 회전공구 : 밀링, 드릴링, 보링, 태핑, 호빙
           └─ 입자에 의한 절삭 ─┬─ 고정입자 : 연삭, 호닝, 수퍼피니싱, 버핑 등
                                └─ 분말입자 : 래핑, 액체호닝, 배럴

              ┌─ 주조 : 목형, 주형, 주조, 특수주조
              ├─ 소성가공 : 단조, 압연, 인발, 전조, 압출, 판금, 프레스 등
비 절삭가공 ──┤
              ├─ 용접 : 납땜, 경납땜, 단접, 용접, 특수용접
              └─ 특수비절삭 : 전해연마, 화학연마, 방전가공, 레이저가공 등
```

2. 절삭 공구에 의한 공작기계 분류

```
절삭공구에 ┌─ 고정 공구 ── 선삭, 평삭, 형삭, 브로칭, 줄작업
의한 가공  └─ 회전공구  ── 밀링, 드릴링, 보링, 호빙, 쏘잉
```

사출금형 부품가공

```
                    ┌─ 고정 입자 ── 연삭, 호닝, 버핑, 샌더링, 슈퍼피니싱
    연삭공구에 ─────┤
    의한 가공       └─ 회전 입자 ── 래핑, 액체호닝, 배럴가공
```

3. 가공 능률 분류에 따른 공작기계

(1) 범용 공작기계: 가공범위가 넓고 조작이 용이하다.
(2) 전용 공작기계: 특정한 모양이나 치수의 제품 대량 생산에 적합
(3) 단능 공작기계: 단순한 기능의 공작 기계로서 한가지의 가공만 가능
(4) 만능 공작기계: 다양한 가공을 할 수 있도록 제작(선반, 드릴링머신, 밀링머신 등의 공작기계 포함)

4. 기계를 선정할 때의 고려할 요소

결정변수	고려요소
초기투자	가격 제조업체, 필요 공간, 보조 장치에 대한 필요성
생산율	실제 생산율 대 추정 생산율
제품의 품질	규격에 관한 제품의 일관성 불량률
운용성	상용 편의성 안전성 안전에 대한 영향
노동에 대한 요구	직접 노동 대 간접노동비율, 기술 수준과 훈련 요구
탄력성	특수 공구에 대한 필요성
작동준비시간	복잡성, 전환 속도
수리	복잡성, 빈도, 부품의 필요성
폐기	폐기 가치
재공품	안전 재고에 대한 필요성
시스템에 끼치는 영향	기존 시스템과의 관계, 통제 장치, 생산 전략과의 관계

5. 기계 선정

위의 공작기계 분류와 기계선정 시 고려할 요소를 파악한 후 작업에 맞는 기계를 선정한다.

단원명 2 부품 세팅하기

실기 내용 기계 사양 파악

1 기계 사양 파악

사양 파악의 한 예로 CNC 수직형 밀링머신의 사양서를 검토하기로 한다.

1. 장비의 특성 및 품질

(1) 고속절삭 시 높은 정밀도를 유지해야 하며, 뛰어난 가동성으로 소형 공작물의 정밀가공에 적합함은 물론 강력절삭이 가능해야 한다.
(2) 본 제품은 CAD/CAM용 CNC MCT로서 CAM용 소프트웨어에서 생성된 NC 가공용 데이터와 호환성을 가져야 한다.
(3) 컨트롤러 및 인터페이스는 해당기관 컴퓨터와 100% 호환이 되어야 하며, DNC Software와 표준 G-Code(KSB 4206)에 대응하여 DNC 구축이 가능해야 한다.
(4) 구성은 MCT 기계부 본체, 메인 조작반, 강전반, 서보제어장치, PMC(또는 PLC) 전기회로장치, ATC 등으로 구성되며, 전기회로장치는 스위칭 파워를 사용해 안전성이 있어야 한다.
(5) 본 장비는 FANUC 컨트롤러와 100%호환이 되어야 하며 조작반은 10.4"이상 COLOR TFT LCD 화면, MDI, 기계측 조작스위치로 구성되어야 한다.
(6) PMC(또는 PLC)는 DYNAMIC LADDER 표시기능이 있어서 기계의 상태를 쉽게 파악 및 보수가 용이해야 한다.
(7) 프로그램 검증을 위한 공구경로 그래픽과 애니메이션 기능이 지원되어야 한다.

2. 표준기계 사양

(1) 테1블
 (가) 테이블 크기 : 1300*670 mm
 (나) 최대 적재 중량 : 1000 Kg

(2) 이동거리
 (가) X축 이동량 : 1270 mm
 (나) Y축 이동량 : 670 mm
 (다) Z축 이동량 : 625 mm
 (라) 주축선단에서 테이블까지 거리 : 150~775 mm
 (마) 컬럼 전면에서 주축 중심까지의 거리 : 747 mm

(3) 주축
 (가) 주축 회전수(RPM) : 12,000 이상
 (나) 주축테이퍼 : BIG PLUS 40 이상

사출금형 부품가공

(다) 주축 출력 : 11/15 Kw
(라) 주축 변속 : 무단 변속
(마) 주축 형식 : 직결식 스핀들

(4) 이송속도
 (가) 절삭이송속도
  ① X 축 (mm/min) : 1 ~ 15,000
  ② Y 축 (mm/min) : 1 ~ 15,000
  ③ Z 축 (mm/min) : 1 ~ 15,000
 (나) 급속이송 속도
  ① X 축 (m/min) : 36
  ② Y 축 (m/min) : 36
  ③ Z 축 (m/min) : 30

(5) 자동공구 교환장치
 (가) 공구수량 : 30개
 (나) 테이퍼 : BIG PLUS 40
 (다) 사용공구(인접공구 없을 경우) : 직경80*길이300 (125*300)
 (라) 공구교환 속도 : tool to tool - 1.3 sec
 (마) 공구교환 방식 : RANDOM TYPE

(6) 고정도, 고강성
 (가) 열변형을 극소화시킨 고정도 가이드 및 직결식 축이송, 양단고정 방식의 볼스크류 지지 구조로 이루어져 있을 것.
 (나) 강력 중절삭 능력이 확보되고 난삭재 가공능력을 보유할 것
 (다) 빠른 속도 및 강력한 절삭능력을 위하여 ROLLER LMG를 채택할 것.

3. 컨트롤러 사양

(1) FANUC 컨트롤러 F-0iMD급 성능 이상의 것을 채택할 것

(2) 제어축
 (가) 최대 제어축 수 : 5축 이상(기본 3축, 테이블 2축)
 (나) 동시 제어축 수 : 4축 이상
 (다) 제어축 확장 : 기본축 X,Y,Z 3축을 제외하고 2축 확장가능
 (라) Fine 자동 가감속 : 급속이송(직선형), 절삭이송(지수형)

단원명 2 부품 세팅하기

(3) 피드
 (가) 피드 오버라이드 : 0 ~ 200%
 (나) 조그 이송 : 0 ~ 5000mm/min 이상
 (다) 급송 오버라이드 : 0, 25%, 50%, 100%
 (라) 핸들이송 배율 : X1, X10, X100

(4) 주축제어
 (가) 주축속도 지령 : S5행 직접지령
 (나) 오버라이드 : 50 ~ 120% 이상
 (다) 주축 오리엔테이션 : Magnet Sensor 혹은 Built-in Sensor

(5) 프로그램
 (가) 지령방식 : 증분, 절대
 (나) 최소입력단위 : 0.001 / 0.0001 "
 (다) 프로그램 메모리 : 640m 이상
 (라) 운전중 편집 : 백그라운드 EDIT 가능
 (마) 미러이미지 : 각축
 (바) 스케일링 기능 : G50, G51
 (사) 이그젝트 스톱 : G09, G61
 (아) 스트로크 리미트 : 1, 2
 (자) 워크 좌표계 : 40조 이상
 (차) 리지드 태핑기능 가능
 (카) 커스텀 매크로B

(6) 조작 및 세팅, Display 기능
 (가) 표시화면 : 10.4 " COLOR TFT LCD
 (나) 부하율 표시 가능
 (다) 실가공 그래픽 표시 가능
 (라) 공구경로 표시 가능
 (마) 이송축 조정 화면
 (바) 자동코너 가감속 가능
 (자) Software Operating Panel 기능
 (아) 한국어 표시
 (자) Work좌표계 표시 및 Pre-set 기능
 (차) 200블럭 선독 제어 기능

사출금형 부품가공

(7) 보간 기능
  (가) 직선, 원호 : G01 ,G02, G03
  (나) 헬리컬 보간 : G02, G03
  (다) 극좌표 지령 : G15, G16
  (라) 원통 보간 : G7.1
  (마) 고정 사이클 : G73, G74, G76, G80-G89
  (바) 좌표 회전 : G68, G69
  (사) 한 방향 위치결정 : G60
  (아) 스킵 : G31
  (자) 반경지정 원호 보간 : 기본축 + C, R
  (차) AI-Nano 및 선행제어 가능

(8) 통신 기능
  (가) 테이프 코드 : EIA / ISO 자동판별
  (나) 통신포트 : RS232C/RS422 및 Ethernet기능 지원
  (다) 통신 속도 : 19200bps 이상
  (라) DNC 운전 : DNC 기능
  (마) 입·출력 동시 운전 가능
  (바) Data Server 기능 가능

(9) 보정 기능
  (가) 기억형 피치에러보정
  (나) 백래쉬 보정
  (다) 원호 돌기 보상 : 백래쉬 가속 기능

(10) 조작 지원
  싱글블록, 머신록, M00/01, 프로그램번호/시퀜스 번호 탐색, 메모리록, 제2 ~ 제4 원점 복귀, 프로그램체크, Z축 캔슬, 드라이런, 자가진단 기능

장비 및 도구, 소요재료

구 분	명 칭	규격(사양)	1대당 활용인원
장 비	컴퓨터(S/W 포함)	파라메트릭 모델링 가능	1명
	프린터	A3 이상	5명
공 구	측정기류		5명
소요재료	복사용지		1명
	펜		1명

안전유의사항

1. 안전유의사항
  1) 기계가공 시 지켜야할 안전수칙 준수
  2) 조립도와 부품도면의 면밀한 검토로 가공할 부품 리스트를 확인
  3) 조립도, 사양서, 제품도를 이해하고 숙지하여 정확히 파악 하는 태도

관련 자료

1. 관련 자료
  1) 사출금형 제작 사양서
  2) 사출금형 조립도 및 부품도
  3) 사출금형 파트 리스트
  4) 사출금형 표준 부품
  5) 해당 회사 업무 표준서
  6) 금형재료 및 가공특성 등 관련 기술자료
  7) KS 및 ISO 규격

사출금형 부품가공

2-2 부품 형상에 대한 자주검사

교육훈련 목표	• 부품 형상에 대한 자주검사를 할 수 있다.

필요 지식   자주검사

1 자주검사

1. 자주검사의 장·단점

<표2-1> 자주검사의 장·단점

구분		장점	단점
원가면		적절히 실시하면 원가절감	적절히 실시하지 못하면 오히려 원가상승(신용도 잃는다)
품질면	신속성	빨라진다.	이상을 깨닫지 못하면 반대로 지연
	정확성	요인 추구의 마음자세와 지식이 있으면 정확도가 높아진다.	판단이 엄격하지 않게 되기 쉬워 충분한 시간을 취할 수 없다
	대책	실시 가능	대책 능력이 부족하고 가능성이 없으면 오히려 트러블의 원인이 된다.
참가의식		품질의식의 향상	실패하면 자신을 잃어 역효과가 난다.

2. 자주검사 전제조건

(1) 자주관리 대상의 올바른 선정과 개선
  (가) 제품·부품·공정·설비·작업자를 지정한다.
  (나) 작업자 교육 철저
  (다) 설비 관리 항목 지정(Fool Proof화, 자동검사화)
  (라) 제품·부품공정의 선정
  (마) 후공정에서 발견 가능하도록
  (바) 공정이 안정되어 있을 것

(2) 시스템의 충실과 교육 철저
  (가) 작업표준
  (나) 이상처리규정
  (다) 한도견본 충실
  (라) 검사 교육 철저

(마) 검사 기구
(바) 환경 정비
(사) 불량신고제
(아) 후공정 Check 충실
(자) Check sheet 충실

(3) 자주관리 체제의 평가와 개선
(가) 자주관리 상황의 확인·개선
(나) QC Patrol의 실시(검사부문·관리감독자)
(다) 재발대책 상황의 확인
(라) 불량·Claim의 추적 조사와 개선
(마) 검사의 생략 결정 또는 검사
(바) 생략의 취소

(4) 자주검사 정착을 위한 단계의 관리

표준화	자주검사 대상·제품·부품·공정 선정 작업자의 선정 설비의 선정 자동화·자동검사화 FOOL PROOF 검사의 표준화
교육	작업자의 품질 의식 고양 교육(개인 교육) 기능 향상(작업·검사·이상처리)
실시	작업의 실시 자주검사의 실시(전공정 가공의 확인작업도 포함) 측정 능력 향상(능력 TEST의 실시) 자주검사 성적서의 철저한 기록
확인	작업실시 상황의 확인(Point의 이행 상황) 자주검사 실시 상황의 확인 불량 신고 건수의 확인 측정치의 해석(편차의 확인) 자공정·후공정의 이상발생 보고서 확인 검사 생략 공정(부품)의 확인 Fool Proof 장치에 대한 검사

이상의 처리	작업 이상의 처리·Point의 철저 검사 교육의 실시 측정 교육·훈련의 실시 자주검사 대상의 재검토 작업자의 재검토 설비의 재검토 불량 신고의 철저 자동화·자동검사의 개선 Fool Proof 장치의 개량, 개선

(5) 자주검사의 역할분담

자주검사 이전의 품질 처리 방법		자주검사 이후의 품질 처리방법
작업관리	검사관리	작업관리+검사관리
작업의 표준화	검사의 표준화	작업의 표준화/검사의 표준화
교육	교육	교육
작업 실시	검사작업 실시	작업 실시/검사작업 실시
작업 확인	검사작업 확인	작업 확인/검사작업 확인
이상 처리	이상 처리	이상 처리

단원명 2 부품 세팅하기

실기 내용 자주검사 시트 작성과 자주검사

1 자주검사 시트 작성과 자주검사

1. 자주검사 시트 작성

자주검사는 작업자 스스로가 자신이 만든 제품의 품질을 확인하는 검사활동 이다.

다음의 예시처럼 부품별 조건관리 및 자주검사 시트를 작성하며 이 시트를 토대로 자주검사를 실시할 수 있다.

2. 자주검사

(1) 전수 육안검사

  작업 도중 100% 육안검사 실시

(2) 초기 제품, 중간 제품, 마지막 제품 검사

  자주검사 체크시트에 검사 결과를 반드시 기록

(3) 불량품 식별 및 격리

 (가) 불량품이 양품과 혼입되지 않도록 표시하여 지정된 장소에 격리시킨다.

 (나) 불량품은 사후처리를 확실히 하며 혼입 또는 납품되는 일이 없도록 한다.

 (다) 태그 등을 부착하여 식별한다.

사출금형 부품가공

(4) 불량품 처리 절차

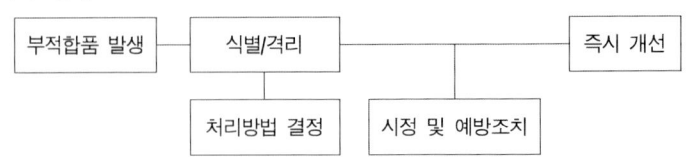

(5) Tool 교환
　작업표준에 규정된 교환주기에 따라 Tool 교환
　Tool 교환 후 반드시 초기 제품을 검사한다.
　Tool 교환주기는 사용 가능한 한계 수명을, 일반적으로 생산 가능한 수량으로 정한다.

장비 및 도구, 소요재료

구 분	명 칭	규격(사양)	1대당 활용인원
장 비	컴퓨터(S/W 포함)	파라메트릭 모델링 가능	1명
	프린터	A3 이상	5명
공 구	측정기류		5명
소요재료	복사용지		1명
	펜		1명

안전유의사항

1. 안전유의사항
1) 기계가공 시 지켜야할 안전수칙 준수
2) 조립도와 부품도면의 면밀한 검토로 가공할 부품 리스트를 확인
3) 조립도, 사양서, 제품도를 이해하고 숙지하여 정확히 파악 하는 태도

관련 자료

1. 관련 자료
1) 사출금형 제작 사양서
2) 사출금형 조립도 및 부품도
3) 사출금형 파트 리스트
4) 사출금형 표준 부품
5) 해당 회사 업무 표준서
6) 금형재료 및 가공특성 등 관련 기술자료
7) KS 및 ISO 규격

사출금형 부품가공

2-3 부품도를 파악한 후 고정구 선택

교육훈련 목 표	• 부품도를 파악하여 부품의 크기에 따른 고정구를 선택할 수 있다.

필요 지식   고정구의 종류

1 고정구의 형태별 종류

공작물의 형태에 따라 고정구의 형태가 결정되며 주로 플레이트형태와 앵글플레이트형태가 가장 많이 사용된다. 지그와 고정구는 위치 결정구와 클램핑 장치에 관한 한 근본적으로 동일하다. 절삭력이 증가도기 때문에 같은 치공구 요소라 하더라도 지그 보다는 더욱 견고하게 만들어져야 하며, 기준면에 의한 지지구도 고려하여야 한다.

1. 플레이트 고정구

고정구 중에서 가장 많이 사용되어 적용되며 가장 단순한 형태이다. 기본적인 고정구는 플레이트 또는 V블록에 공작물을 기준설정과 위치 결정 시키고 클램프 시킬 수 있도록 만들어진 형태이다. 이 고정구는 단순하게 만들어지며 공작기계, 용접, 검사 등에 가장 많이 활용되는 형태이다. 본체는 강력한 절삭력에 견디어야 하므로 무엇보다 견고성이 필요하다. 고정구의 사용목적은 공작물의 위치 결정과 강력한 고정에 있다.

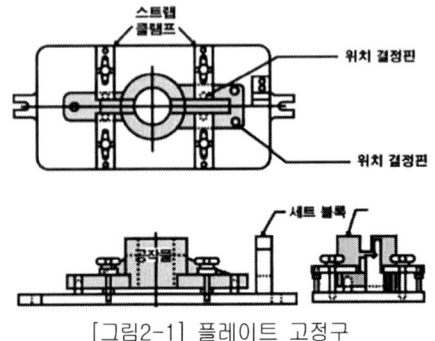

[그림2-1] 플레이트 고정구

2. 앵글 플레이트 고정구

플레이트 고정구에 수직 판을 직각으로 설치한 것으로 밀링고정구와 면판에 의한 선반고정구가 많이 사용되고 있다. 이 고정구는 공작물을 위치 결정구와 직각으로 기계 가공되는 것으로 강력한 절삭력에는 본체가 구조상 약하므로 보강 판을 설치하여야 한다.

이 고정구는 90°의 각도로 만들어지거나 다른 각도가 필요할 때가 있다. 이때는 수정된 앵글 플레이트 고정구 사용한다.

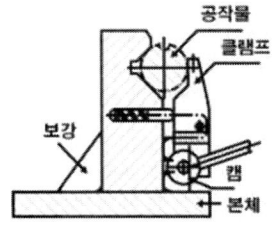

(a) 앵글플레이트 고정구   (b) 변형된 앵글플레이트 고정구

[그림2-2] 앵글플레이트 고정구

3. 바이스 조-오 고정구

 일반적으로 표준 바이스를 약간 응용 한 것으로 작은 공작물을 기계 가공하기 위해서 사용된다. 이 형태의 고정구는 표준 바이스의 조-오 부분을 공작물의 형태에 맞도록 개조한 것으로 제작비가 염가이나 정밀도가 떨어지고 바이스 조-오의 이동량에 제한을 받게 되므로 소형 공작물을 가공하는데 적합하다.

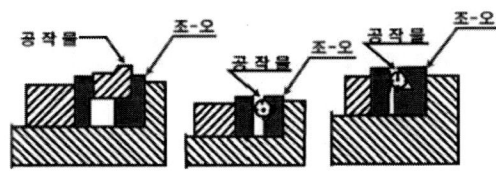

[그림2-3] 바이스-죠 고정구

4. 분할 고정구

 분할 고정구는 플레이트 형태는 분할 판의 형태이고 앵글플레이트 형태는 인덱스 장치를 사용하며 분할 지그와 매우 유사하다. 이 고정구는 일정한 간격으로 기계 가공해야 할 공작물의 가공에 사용된다.

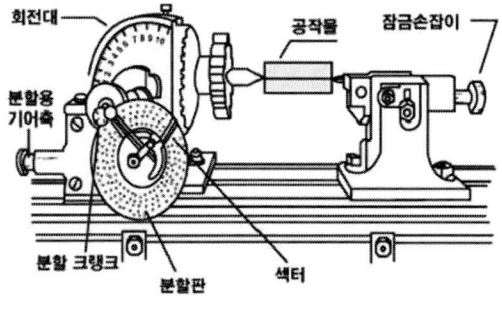

[그림2-4] 분할 고정구

5. 멀티스테이션 고정구

이 고정구는 가공 사이클이 계속되어야 할 경우에 생산 속도와 생산량의 향상을 위하여 사용된다. 이단 고정구(duplex fixture)는 단지 2개의 스테이션을 가진 가장 간단한 다단 고정구이다. 이 고정구는 절삭 작업이 계속되는 동안 장착과 탈착을 할 수가 있다. 예를 들면 스테이션 1에서 공작물이 가공 완료되면 고정구는 회전되고 스테이션 2에서 가공 사이클은 반복된다. 동시에 공작물을 스테이션 1에서 제거하고 새로운 공작물을 장착한다.

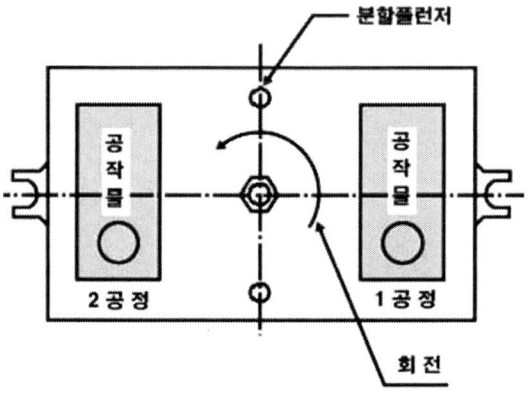

[그림2-5] 멀티스테이션 고정구

6. 총형 고정구

이 고정구는 공작기계 자체로는 절삭할 수 없는 윤곽을 절삭할 수 있도록 절삭공구를 안내하는 데 사용된다. 이 윤곽은 내면과 외면 모두 가능하나 커터는 고정구와 계속적으로 접촉되고 있으므로 공작물은 고정구의 윤곽대로 절삭된다.

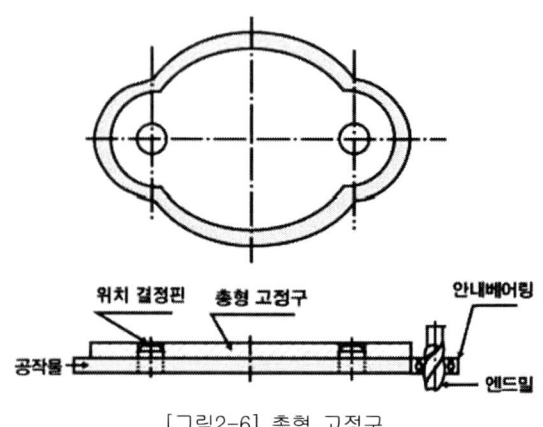

[그림2-6] 총형 고정구

7. 모듈러 시스템

생산과 기계 치공구 사이에 상호 관련되는 치공구 기술은 어려운 문제로 더 이상 발전이 어려운 것으로 판단되었다. 그러나 유연한 치공구 시스템은 각종 공장의 생산 제품의 정밀도를 개선하여 생산성 향상에 상당히 효과적인 수단으로 이용되고 있다.

조절형 치공구는 공작물의 품종이 다양하고 소량생산에 적합하도록 고안된 치공구로서, 부품이 조립도리 수 있도록 가공되어 있는 본체와 각종 치공구 부품, 볼트 등으로 구성되어 이다. 치공구는 부품의 조합에 의해서 완성되며 또한 쉽게 분해가 가능하므로 다양한 공작물의 형태에 간단히 대처할 수 있으며 고정밀도를 제공하고 규격화, 표준화되어 있으므로 생산의 자동화 추진이 가능하다. EH한 CAD/CAM system에 의하여 공작물에 적합한 치공구의 형태와 부품의 종류 및 위치 등을 설정할 수 있는 등의 장점이 있다. 조절용 고정구의 활용 범위는 자동화생산용, 밀링 고정구, 선반 고정구, 보링 고정구, 검사(3차원측정 등)지그 등에 사용되며 복합용 머시닝센터에서 가장 많이 사용된다고 볼 수가 있다.

사출금형 부품가공

| 실기 내용 | 고정구 선택, 기준면 선정 |

1 고정의 개요

고정의 의미는 공구의 추력과 기타 제반 작업의 결과로 발생하는 공작물의 물리적 이동을 적절한 임으로 구속하는 것이다. 고정구에 대한 정의를 내려 보면 공작물을 정확하고 **빠르게** 위치를 결정시키고 적절하게 지지하며, 확실하게 조이고, 기계테이블에 고정시켜, 제품을 정밀하게 생산하도록 하는 생산용 보조기구이다.

1. 고정구 사용 목적

(1) 복잡한 부품의 경제적인 생산
(2) 기존 기계의 작업 수행 능력 증가
(3) 공작물의 요구되는 정밀도에 부합시킴
(4) 비 경제적인 추가 시설을 개발하지 않고 최대 공구수명 유지
(5) 보조 공구의 이용으로 기존 장비의 최대 이용

2. 고정구 계획

이전 단계에서 생성된 셋업 및 공구 정보 등을 이용하여 공작물과 가공의 상황에 맞는 적절한 고정구의 선택과 사용을 결정한다.

3. 고정구의 구성

고려되는 고정구들은 다음과 같다.

<표2-2> 고정구의 구성

	명 칭	고정구 구성조건
전용 요소	마우스 피스	머신바이스에 부착
	센터링 도구	베이스플레이트에 고정
	플레이트(no hole)	앵글플레이트나 매스정반에 부착
	플레이트(hole)	앵글플레이트에 부착, 관통 구멍 작업시
범용 요소	조임쇠, 지지바, 받침대, 블록, 로케이트 핀	공작물의 조임과 위치 결정
범용 고정구	머신 바이스	베이스플레이트에 고정
	베이스 플레이트	
	각형 앵글 플레이트	가공물의 기준면을 테이블과 수직인 면에 고정할 때
	구멍부착 편면 앵글 플레이트	
	매스 정반	

4. 고정구의 선택

(1) 부품의 형태를 대표적인 형태의 패턴으로 분류하고 고정구를 고려한다.
(2) 엔드밀작업, 페이스커터 작업, 드릴링, 보링 등 작업의 형태에 따라 고정구를 선택한다.

2 부품 기준면 선정

부품의 전체적인 조립관계와 구조 및 가공 용이성을 고려하여 기준면을 설정한다.

사출금형 부품가공

장비 및 도구, 소요재료

구 분	명 칭	규격(사양)	1대당 활용인원
장비	컴퓨터(S/W 포함)	파라메트릭 모델링 가능	1명
	프린터	A3 이상	5명
공구			
소요재료	복사용지		1명
	펜		1명
	플레이트	t25×100×70	1명

안전유의사항

1. 안전유의사항
 1) 기계가공 시 지켜야할 안전수칙 준수
 2) 조립도와 부품도면의 면밀한 검토로 가공할 부품 리스트를 확인
 3) 조립도, 사양서, 제품도를 이해하고 숙지하여 정확히 파악 하는 태도

관련 자료

1. 관련 자료
 1) 사출금형 제작 사양서
 2) 사출금형 조립도 및 부품도
 3) 사출금형 파트 리스트
 4) 사출금형 표준 부품
 5) 해당 회사 업무 표준서
 6) 금형재료 및 가공특성 등 관련 기술자료
 7) KS 및 ISO 규격

단원명 2 | 교수방법 및 학습활동

교수 방법

- 강의법·토의법·목표도달학습
  사출금형 부품가공의 부품 세팅하기에서는 기계 사양 파악, 자주검사, 고정구에 대해 설명한 후 토론하고, 예를 들어 설명함으로서 학습자들이 스스로 학습 목표에 도달할 수 있도록 유도한다.

학습 활동

- 강의법
  학생이 교사에게 집중하고, 교사가 수업의 주도권을 쥘 수 있으므로 학습내용 중 중요한 부분은 강의법을 이용하여 학습한다.
- 토의법
  사출금형 부품가공에서 기계 사양 파악, 자주검사, 고정구에 관한 특이 사항 등을 5인 1조로 편성된 그룹별로 토의 한 후 토의된 자료를 발표하고 발표한 내용에 대해서 동료 학생 또는 교사와 질의 응답시간을 가진 후 학습결과를 정리하는 방법으로 수업을 진행한다.
- 목표도달 학습법
  학습을 여러 작은 단원(세부 단원별)으로 나누어 실시하고, 각 단원마다 학습종료 후 학습결과를 진단하고, 진단결과가 미흡하거나 불완전하면 다시 반복 학습하여 성취도를 향상시키면서 완전 성취여부를 확인하는 방법으로 학습한다.

사출금형 부품가공

단원명 2 | 평가

평가 시점

- 사출금형 부품가공의 부품 세팅하기에 대한 평가 시점은 기계에 대한 사양을 파악하기에서는 교육 중 질의응답으로 평가하고, 자주검사와 고정구 선택은 단원 교육 종료 시 구두발표를 통하여 개인별 평가한다.

평가 준거

평가자는 피평가자가 수행 준거 및 평가 내용에 제시되어 있는 내용을 성공적으로 수행할 수 있는지를 평가해야 한다. 평가자는 다음 사항을 평가해야 한다.

평가영역	평가항목	성취수준		
		우수하다	보통이다	미흡하다
2. 부품 세팅하기	2-1. 기계에 대한 사양을 파악			
	2-2. 부품 형상에 대한 자주검사			
	2-3. 부품도를 파악한 후 고정구 선택			

평가 방법

평가영역	평가항목	평가방법
2. 부품 세팅하기	2-1. 기계에 대한 사양을 파악	질의응답 및 구두발표
	2-2. 부품 형상에 대한 자주검사	
	2-3. 부품도를 파악한 후 고정구 선택	

단원명 2 부품 세팅하기

평가 문제

1. 고정의 의미에 대하여 간략히 설명하시오.

2. 고정구의 사용 목적에 대하여 설명하시오.

3. 고정구의 형태별 종류 중 분할 고정구에 대하여 설명하시오.

4. 고정구의 형태별 종류 중 총형 고정구에 대하여 설명하시오.

피드백

1. 문제해결 시나리오
   - 문제 해결 진행 과정 중 필요시마다 피드백을 제공하여 문제 해결을 용이하게 한다.

2. 사례연구
   - 사례연구 결과를 모든 학습자들끼리 공유하여 확인 학습할 수 있도록 데이터화여 제시
   - 제출한 내용을 평가한 후에 수정 사항과 주요 사항을 표시하여 다음 수업 시작 시간에 확인 설명

3. 구두발표
   - 발표 과정마다 오류 사항과 주요 사항을 점검, 조정

사출금형 부품가공

단원명 3 가공조건 결정하기(15230206_14v2.3)

3-1 절삭조건 판별

교육훈련 목표	• 절삭조건을 판별할 수 있다.

필요 지식

1 절삭조건

1. 공구에 맞는 절삭조건

NC가공의 절삭 조건 지정 시 공구의 선정이 우선되어야 하며 절삭공구를 선택할 때는 절삭에 의한 공구마모(tool wear)와 과부하에 따른 공구의 파손 및 공구의 휨(deflection)과 진동(chatter)등을 고려해야 한다. NC 데이터를 생성하기 위한 CAM작업 시 각 작업공정에 따른 절삭조건을 결정하고 공구의 진입과 도피 방법 및 가공 시작점과 다음 가공영역으로 이동 방법 등을 정의 하여야 한다. 또한 공구의 퇴각과 진입에 따른 안전높이를 정의하고 가공 초기점 가공 완료 후 복귀점등을 정의 한다.

절삭날이 마멸 되면 공구의 절삭 능률이 저하 될 뿐만 아니라 가공 치수의 정밀도가 떨어지고 표면 거칠기가 나빠지며 소요 동력도 증가하게 되어 새 공구로 바꾸거나 다시 연삭을 해야 한다.

공구 수명이란(Tool life)란 같은 일감으로 일정한 조건으로 절삭하기 시작하여 깎을 수 없게 될 때까지의 총 절삭 시간을 분으로 나타낸 것이다.

구멍을 뚫을 때는 절삭한 구멍 깊이의 총계로 나타내기도 한다. 공구 수명은 마멸이 주된 원인이며, 열 또한 원인이 된다.

(1) 테일러의 공구수명 식

  $VT^n = C$ (Taylor 방정식)

  T : 공구수명(min)

  V : 절삭속도(m/min)

  n : 지수(공구와 공작물에 의해서 변하는 지수 1/n=1/10 ~ 1/5)

    고속도강 0.1, 초경합금 0.125 ~ 0.25, 세라믹 0.40 ~ 0.55

  C : 상수(공구수명 1分으로 할 때의 절삭속도)

단원명 3 가공조건 결정하기

일반적으로 공구 수명을 산출하는 공식으로는 테일러의 공구수명 식이 사용되고 있다. Taylor는 1907년 공구 수명과 절삭 속도와의 관계를 연구한 결과 공구 수명 판정 기준에 관계없이, 일반적으로 다른 모든 조건이 동일하다면 절삭 속도 증가에 따라 공구 수명은 급격하게 감소된다고 발표하였다. 생산성을 올리기 위해 절삭속도를 올리면, 공구 수명이 급속하게 줄어들게 되고 그 결과 공구비용과 공구 교체 시간이 증가하게 된다. 경우에 따라 절삭속도를 올려야만 하는 불가피한 경우도 있지만, 제조 원가를 최소한으로 그 수 있는 경제적 절삭 속도를 찾아 적용하는 노력이 필요하고 결과적으로 적절한 공구 재료의 선정과 절삭 조건의 결정은 생산성이나 제조 원가에 큰 영향을 끼치게 된다.

실기 내용 기계에 맞는 절삭조건, 재질에 따른 절삭조건

1 기계에 맞는 절삭조건

머시닝센터는 일반적으로 NC 밀링과 구분하여 자동공구 교환장치인 ATC (Auto Tool Change)가 장착된 기계를 통칭하여 말한다.

머시닝 센터의 종류는 여러 가지가 있지만 주축의 방향에 따라 수직형 머시닝센터(Vertical type : 버티컬 타입)와 수평형 머시닝센터(Horizontal type : 호리젠탈 타입)로 구분하고 있으며, 최근 대형 머시닝센터에는 수평형이 많이 사용되고 있다.

수직형 머시닝센터(Vertical type : 버티컬 타입)는 주축(공구의 방향)이 수직 방향으로 이동하면서 공작물의 상면을 가공하는 기계로 주로 사용되며, 수평형 머시닝센터(Horizontal type : 호리젠탈 타입)는 기어박스 등과 같은 공작물을 회전 테이블위에 고정하여 4면을 한번의 세팅으로 가공할 수 있다.

머시닝 센터의 주요 구성 요소는 주축대, 베이스와 컬럼, 테이블, 조작반, 서보기구, 전기회로장치, ATC(자동 공구 교환장치) 및 APC(자동 파렛트 교환장치)로 구성되어 있다.

작업자는 3D 모델링을 통하여 작업내용별 공구의 선택에 따른 절삭조건을 기준으로 하여 NC 데이터 생성을 위한 CAM 작업을 수행한다. 가공소재의 형태를 절삭가공하기에 가장 알맞는 가공방법을 결정하게 되는데, 그에 따른 절삭공구의 종류와 규격을 사용기계에 맞춰 결정해야 한다. 또한 금형재의 종류에 따른 최적의 절삭조건을 부여하기 위하여 공구의 회전수 및 공구의 이송, 1회 절입량과 경로간격 등을 산출하고 사용기계의 공작물 좌표계 및 안전거리와 도피량 등을 결정해야 한다.

고속가공기가 나오면서 가공조건에 많은 변화를 주었다. 일반 머시닝센터는 저속 중절삭으로 한번에 많은 절입량을 천천히 가공하고, 고속가공기는 고속 경절삭으로 한번에 조금씩 빠르게 가공하는 방법으로 기계에 맞지 않는 가공조건으로 작업을 하게 되면 작업시간이 늘어나거나 기계에 무리를 주어 고장이 발생 할 수 있다.

사출금형 부품가공

1. CNC 공작기계의 조건 설정

(1) 황삭

가공성을 고려하여 지름이 큰 공구로 선택하고 공구의 마모보다는 가공속도를 중요시하여 최대한 빠르게 가공을 완료한다.

(2) 중삭

정삭 전에 균일한 잔량을 남겨 정삭공정 시 공구마모를 줄이기 위한 가공으로 빠르게 가공을 완료한다.

(3) 정삭

제품의 품질에 많은 영향을 주는 정삭가공은 공구의 마모를 고려하여 이송속도를 적절히 줄여 마모 없는 공구의 최종가공을 중시하여 절삭조건을 결정한다.

(4) 잔삭

정삭가공 후 남아있는 미세 잔량을 가공하는 공정으로 가공조건이 어렵고 정삭공정의 표면상태와 층이 생기지 않는 범위에서 최대한의 미 절삭 영역을 줄인다.

2 부품 재질에 따른 절삭조건

1. 엔드밀과 페이스 커터 절삭조건

엔드밀공구는 가공 특성에 따라 절삭조건과 공구의 재질선택이 달라진다.

실무에서는 가공속도를 빠르게 하기 위해서 회전과 피드는 약 2~5배씩 증가시켜 가공효율을 증대 시키지만 이러한 방법은 공구의 빠른 마모를 초래하고 장비의 내구성에도 영향을 주므로 적절한 가감을 해야 한다. 아래 표를 참조하여 적절한 가공조건을 통해 공구마모와 기계의 부하를 줄일 수 있다.

<표3-1> 엔드밀 절삭조건

공구 재질 및 작업 종류		가공물 재료 및 조건	강		주철		알루미늄	
			절삭속도 (m/min)	날당 이송속도 (mm/tooth)	절삭속도 (m/min)	날당 이송속도 (mm/tooth)	절삭속도 (m/min)	날당 이송속도 (mm/tooth)
엔드밀	HSS	황삭	25~29	0.1~0.25	25~29	0.1~0.25	30~60	0.1~0.3
		정삭	25~29	0.08~0.12	25~29	0.08~0.15	30~60	0.1~0.12
	초경 합금	황삭	30~50	0.1~0.25	42~46	0.1~0.25	50~80	0.15~0.3
		정삭	45~50	0.08~0.12	45~50	0.08~0.15	50~80	0.1~0.12

단원명 3 가공조건 결정하기

<표3-2> 페이스 커터(초경합금) 절삭조건

피삭재		절삭조건		비 고
		절삭속도 (m/min)	이송속도 (mm/tooth)	
탄소강	저탄소강	150~250	0.2~0.5	
	중탄소강	100~180	0.1~0.4	
	고탄소강	90~150	0.1~0.3	
합금강	Annealed	100~160	0.1~0.4	
	Hardned	80~130	0.1~0.3	
공구강		50~90	0.1~0.2	
주강	비합금	80~150	0.1~0.4	
	저합금	70~130	0.1~0.4	
	고합금	50~90	0.1~0.3	
스테인리스강	200, 300계	100~180	0.1~0.4	
	400, 500 계	120~200	0.1~0.4	
회주철	저인장	80~150	0.1~0.5	
	고인장	60~100	0.1~0.4	
가단주철	짧은 칩	80~130	0.1~0.4	
	긴 칩	50~100	0.1~0.3	
구상흑연주철	펄라이트	70~120	0.1~0.4	
	페라이트	60~90	0.1~0.3	
칠드주철		10~20	0.1~0.2	
열처리 경강		10~15	0.1~0.2	

사출금형 부품가공

장비 및 도구, 소요재료

구 분	명 칭	규격(사양)	1대당 활용인원
장 비	컴퓨터(S/W 포함)	파라메트릭 모델링 가능	1명
	프린터	A3 이상	5명
공 구			
소요재료	복사용지		1명
	펜		1명

안전유의사항

1. 안전유의사항
 1) 기계가공 시 지켜야할 안전수칙 준수
 2) 조립도와 부품도면의 면밀한 검토로 가공할 부품 리스트를 확인
 3) 조립도, 사양서, 제품도를 이해하고 숙지하여 정확히 파악 하는 태도

관련 자료

1. 관련 자료
 1) 사출금형 제작 사양서
 2) 사출금형 조립도 및 부품도
 3) 사출금형 파트 리스트
 4) 사출금형 표준 부품
 5) 해당 회사 업무 표준서
 6) 금형재료 및 가공특성 등 관련 기술자료
 7) KS 및 ISO 규격

단원명 3 가공조건 결정하기

3-2 도면에 따라 공구의 종류 및 크기 결정

교육훈련 목표
• 도면의 치수에 따라서 공구의 종류, 크기를 결정할 수 있다.

필요 지식 공구재료의 구비조건, 공구재료 분류

1 공구재료의 구비조건

1. 공구재료의 구비조건

(1) 고온경도가 클 것
(2) 마모저항이 클 것
(3) 인성이 클 것
(4) 마찰계수가 작을 것
(5) 가격이 저렴할 것

2. 공구재료의 경도 크기 순서

탄소공구강 → 고속도강 → 초경합금 → 세라믹 → CBN

2 공구재료의 분류

1. 탄소공구강

C함유량 0.06 ~ 1.5%, 저속절삭용, 수공구용

2. 합금공구강

(1) 탄소공구강 + Cr, W, Ni, Mo, Co, V등 1종내지 2종을 함유
(2) 기계적성질 개선
(3) 저속절삭용, 총형공구용, STS로 표시, 450℃ 연화

3. 고속도강

C함유량 0.7 ~ 0.85%, SKH로 표시, 650℃ 경도저하

(1) W계 고속도강(표준고속도강)
  18-4-1(W 18%, Cr 4%, V 1%)

(2) Mo계 고속도강

18-4-1에서 W량을 줄이고 Mo 3~9.5%

(3) Co고속도강(특수고속도강)

18-4-1에서 W대신 Co 4~20%첨가, 중절삭

4. 주조경질합금

주조에 의해 Co-Cr-W-C합금, 500~850℃ 적열상태, 고속도강의 2배 절삭속도

5. 초경합금

금속의 탄화물 분말을 소성해서 만든 경도가 대단히 높은 합금
WC 94%, Co 6%

③ 공구의 종류

1. 가공 소재의 종류

고탄소강이거나 열처리강인 경우 피삭재의 내마모성이 우수하므로 공구선정 시 확인이 필요한 내용이다. 위의 경우 초경 공구나 다이아몬드 코팅 공구를 사용하여야 가공이 가능하다. 이 외의 비철금속과 연질의 경도를 갖고 있는 소재인 경우는 하이스 공구라고 하는 연질 소재 가공 전용공구로 가공해도 무관하다.

2. 공구의 종류

공구의 종류 별로 가공 조건 및 특성이 다르므로 아래와 같은 사항을 확인한다.

플랫 공구는 면적당 가공 범위가 가장 넓은 공구로 주로 황삭에서 많이 사용하나 중삭이나 정삭에서도 형상에 따라 사용된다. 면적이 넓어 저항이 많이 발생하는 공구이므로 x, y 피치는 많은 양을 가공할 수 있지만 z는 면적당 큰 저항이 발생하여 볼 공구보다 상대적으로 적은 양의 z피치를 적용하게 된다.

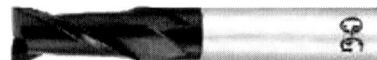

볼 공구는 공구의 가공 면적 범위가 가장 작은 공구로 금형 가공에 있어서 황, 중, 정삭에 가장 많이 사용되는 공구이다. 공구 면적당 가공 범위가 점에 불과하기 때문에 x, y피치는 플랫공구보다 상대적으로 적은 피치가 적용되나 z피치는 플랫공구보다 상대적으로 높은 피치를 적용할 수 있다.

드릴 공구는 금형의 포켓부의 자리파기 부분 및 홀 가공에 적용되는 모든 드릴작업에 적용되는 공구이다.

탭 공구는 금형의 구성 요소들 중 볼트 자리를 가공하기 위한 공구로 주로 나사 가공에 적용되는 공구이다. 위에 나열한 공구들이 가공에 있어서 주로 사용되는 형태의 공구들로 가공상 가장 높은 사용 빈도를 가지고 있다.

3. 공작물 크기에 따라 공구 결정

절삭속도란 가공할 때 공작물과 공구가 접촉하면서 발생하는 속도이다. 일반적으로 공구의 지름이 크면 회전수를 느리게 하여 천천히 가공하고, 공구의 지름이 작으면 회전수를 빠르게 하여 가공한다. 적절한 회전수와 이송속도는 공구 수명, 가공 면의 거칠기, 가공 능률에 중대한 영향을 미치기 때문에 절삭 공구가 충분한 성능을 발휘할 수 있도록 조건설정을 해야 한다.

$$N = \frac{1000\,V}{\pi D}$$

N: 회전수	
V: 절삭속도(m/min)	
D: 엔드밀의 직경(mm)	

절삭속도는 다음과 같이 공식을 활용한다.
가공능력에 절대적 영향을 미치는 이송속도는 잇날 한 개당 이송 량에 의하여 결정된다.
 F: 이송속도 (mm/min)
 F = FtZN   Ft: 잇날 한 개당 이송량(mm/tooth)
 Z: 날수
 N: 회전수

엔드밀의 절삭 깊이는 축 방향의 절삭 깊이를 d, 직경방향의 절삭 폭은 W, 그리고 엔드밀의 직경은 D로 나타낸다. 축 방향의 깊이는 홈 절삭의 경우 d=0.15D 이하, 측면 절삭의 경우 D=0.15 D2로 한다. 그러나 이는 일반적인 사항으로 엔드밀이 short형이나 난삭재 용도는 중절 사용인 때와 가공 소재가 비교적 절삭이 쉬운 알루미늄같이 연강인 경우는 이보다 더 깊이 하여도 문제는 발생하지 않는다. 일반적으로 축 방향의 깊이 "d" 가 너무 깊으면 진동이 발생하여 가공 면의 조도가 나빠지므로 적당한 가공 깊이를 선택 적용해야 한다.

사출금형 부품가공

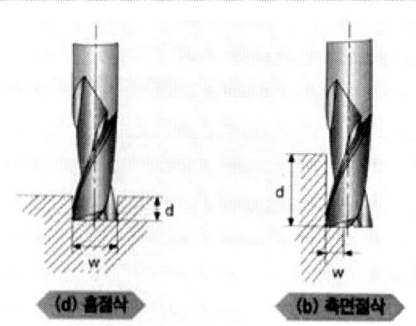

[그림3-1] 엔드밀의 절삭 깊이

4 절삭공구와 부품 가공

　금형 부품 가공을 위해 공구 선택을 해야 하는데 공구는 금형의 표면과 가공효율에 영향을 미치는 중요한 요소로 신중한 가공계획을 세워야 한다. 여러 가지 특성을 고려하여 절입량, 이송속도 등 최종 절삭량을 결정하고 클램프의 위치와 고정방법 공작물의 정밀도를 고려한 가공계획을 수립한다. 재질을 고려하여 경금속의 경우 비철 전용공구를 사용하고 고강도의 금속재료는 소재의 경도를 고려한 고강도 초경공구를 사용해야 한다. 공구를 결정하면 장비에 세팅을 하는데 이때 공구의 날장을 꼼꼼히 체크하여 충돌을 검토한다. 비철금속의 경우 최종정삭 후 후가공이 없는 경우가 많으므로 가공 후 결 무늬를 고려하여 가공패턴을 결정해야 하고, 절삭성을 고려한 no-코팅 공구가 좋으며, 금속계열의 제품은 공구의 마모가 크게 되어 최종제품의 치수정밀도를 높이기 위해 내구성을 고려한 코팅 초경 공구를 선택하는 등 재질의 특성에 맞는 공구 선택이 중요하다.

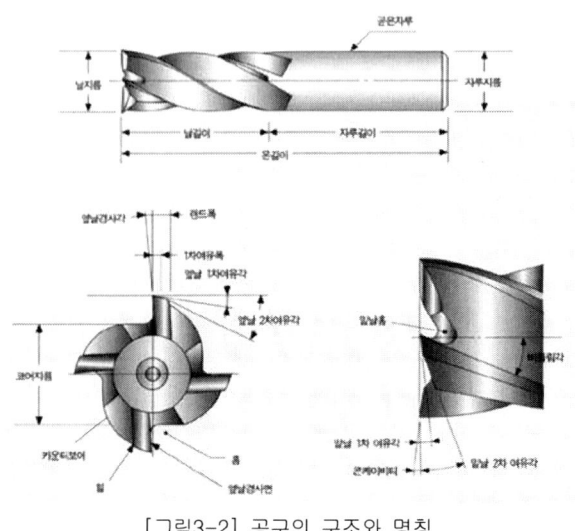

[그림3-2] 공구의 구조와 명칭

단원명 3 가공조건 결정하기

금형도면을 보고 NC가공영역을 파악한 뒤 머시닝센터 작업과 범용장비운용 부품을 선별하여 가공해야 하며 부품 특성에 맞게 효율성과 경제성을 고려하여 적절한 장비선택을 해야 한다.

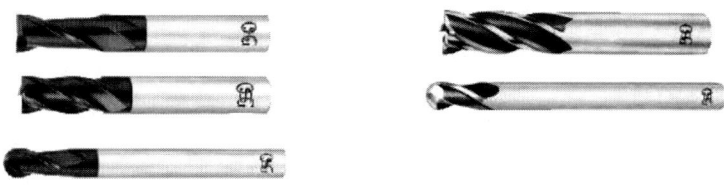

초경 공구   하이스 공구

[그림3-3] 소재 종류에 따른 공구의 종류와 형태

1. 밀링

회전하는 축에 고정된 커터공구를 장착하여 공작물을 대고 전후, 좌우, 상하로 움직여 자르거나 깎는 공작기계로, NC가공영역 중 2D가공 및 포켓 등을 수동으로 가공할 수 있으며, 부품의 외곽 6면체 가공 황삭 및 정삭 가공을 주로 할 수 있다.

2. 선반

각종 금속 재료를 척에 고정하고 소재를 회전 시켜서 바이트(절삭공구)로 깎아내는 공작기계로 NC가공영역중 원형의 형태 부품을 주로가공하고 밀링과 함께 금형제작에 많이 사용되는 장비이다. 주로 핀을 절단하고 가공하는데 사용하며, 원형의 컵이나 피스톤 금형처럼 사각형의 금형 외형에 원형 캐비티 코어를 가공할 때도 사용할 수 있다.

3. 연삭기

숫돌을 고속으로 회전시켜 공작물이나 공구 등을 연삭하는 기계로 금형의 정밀도 가공이나 표면 거칠기를 정밀하게 가공할 때 사용한다. 평면연삭기와 성형연삭기, 원통연삭기, 내외경연삭기, 공구연삭기 등으로 공작물의 특성에 따라 다양하다. 정밀도는 보통 1~5㎛ 정도이며 입도가 미세한 숫돌을 사용하면 0.1㎛급 마무리도 가능하다.

밀링   선반   연삭기

[그림3-4] 범용 가공 장비의 종류와 형태

4. 날 수

엔드밀의 성능을 좌우하는 중요한 요인이며 2날은 칩 포켓이 커서 칩 배출이 용이하나 공구의 단면적이 좁아 강성이 저하되는 단점이 있다. 주로 홈 절삭에 사용된다.

4날은 칩 포켓이 작아 칩 배출 능력은 적으나 공구의 단면적이 넓어 강성이 보강된다. 주로 측면 절삭에 많이 사용된다.

<표3-3> 날수에 따른 칩 포켓 및 공구 단면적

공구 단면적 \ 날 수	Ø10.2날	Ø10.3날	Ø10.4날
날부의 최소 거리 및 포켓의 크기	⌀5.0	⌀5.5	⌀6.0
날부의 단면적	39.4ml	43.2ml	47.2ml
단면적 = $\dfrac{\text{엔드밀의 단면적}}{\text{외접 단면적}} \times 100$	50%	55%	60%

5. 공구의 길이

날 길이를 짧게 해서 작업하면 공구의 수명은 증대된다. 엔드밀의 돌출 길이는 엔드밀의 강성에 직접적인 영향을 미치며 필요 이상으로 길게 작업하는 것은 비효율적이다.

공구가 길어지면 가공압에 의한 공구의 휨 현상으로 가공소재의 과절삭 및 공구의 떨림 현상이 생겨 좋지 못한 가공 면을 초래 할 수 있다.

단원명 3 가공조건 결정하기

실기 내용 공구 종류 및 크기 결정

1 공구의 종류 및 크기 결정

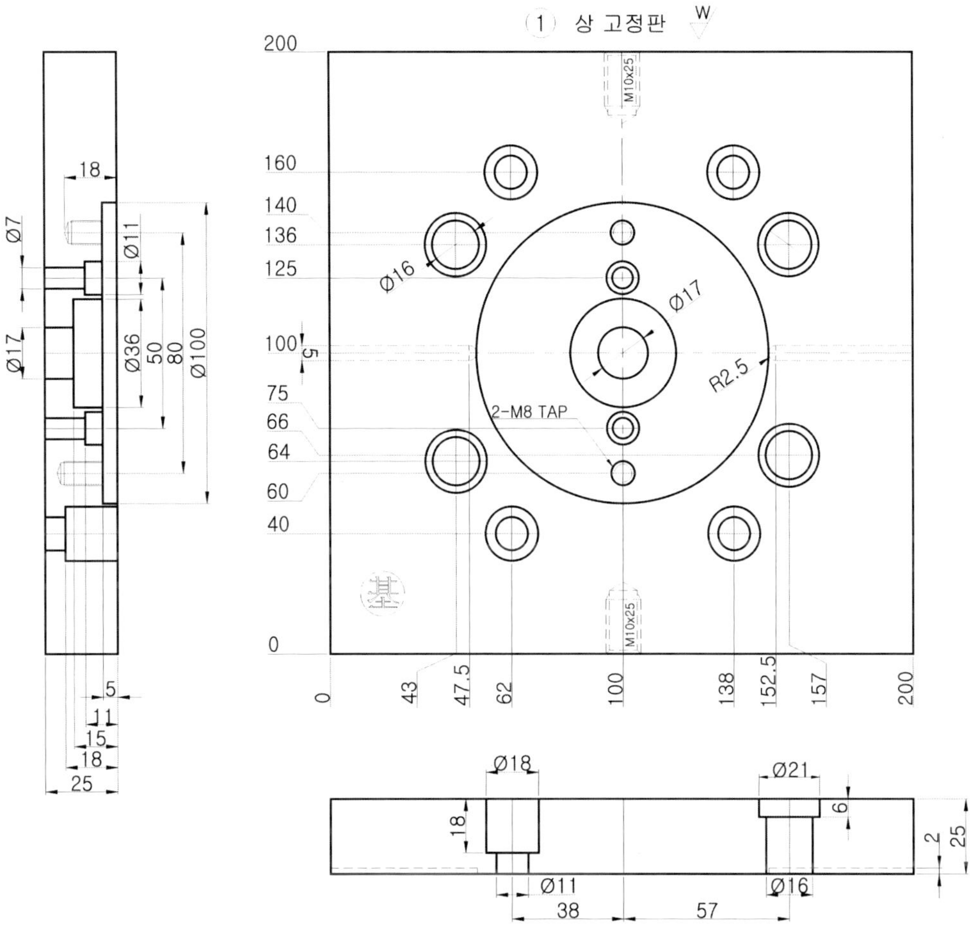

모든 구멍의 중심은 센터드릴 ∅3으로 가공한다.

관통 구멍인 ∅7, ∅11, ∅16, ∅17은 각각의 드릴 지름으로 가공하는데, ∅16, ∅17은 단일 공정으로 가공이 어려우므로 이전 사용 공구인 ∅11로 먼저 드릴링 후 가공한다.

M8 탭 구멍은 피치가 1.25mm 이므로 이론상 ∅6.75로 드릴 가공을 해야 하나 조립을 고려하여 ∅6.9 드릴 작업 후 탭 작업한다.

관통되지 않은 바닥이 평평한 구멍 ∅18, ∅21은 각각 엔드밀 ∅18, ∅21로 가공한다.

또한 ∅36, ∅100은 이전에 사용한 공구인 엔드밀 ∅18로 원호 가공을 한다.

이와 같이 사용 공구를 최소화 하고, 가공 형태에 따라 공구의 종류와 크기를 결정하며 결정된 공구는 아래와 같다.

사출금형 부품가공

공구의 종류	크기
센터드릴	φ3
드릴	φ6.9, φ7, φ11, φ16, φ17
탭	M8용
엔드밀	φ18, φ21

장비 및 도구, 소요재료

구 분	명 칭	규격(사양)	1대당 활용인원
장 비	컴퓨터(S/W 포함)	파라메트릭 모델링 가능	1명
	프린터	A3 이상	5명
공 구			
소요재료	복사용지		1명
	펜		1명

안전유의사항

1. 안전유의사항
 1) 기계가공 시 지켜야할 안전수칙 준수
 2) 조립도와 부품도면의 면밀한 검토로 가공할 부품 리스트를 확인
 3) 조립도, 사양서, 제품도를 이해하고 숙지하여 정확히 파악 하는 태도

관련 자료

1. 관련 자료
 1) 사출금형 제작 사양서
 2) 사출금형 조립도 및 부품도
 3) 사출금형 파트 리스트
 4) 사출금형 표준 부품
 5) 해당 회사 업무 표준서
 6) 금형재료 및 가공특성 등 관련 기술자료
 7) KS 및 ISO 규격

단원명 3 | 교수방법 및 학습활동

교수 방법

- 강의법·토의법·목표도달학습
  사출금형 부품가공의 가공조건 결정하기에서는 절삭조건을 판별하고, 도면에 따라 공구의 종류 및 크기를 결정할 수 있도록 설명함으로서 학습자들이 스스로 학습 목표에 도달할 수 있도록 유도한다.

학습 활동

- 강의법
  학생이 교사에게 집중하고, 교사가 수업의 주도권을 쥘 수 있으므로 학습내용 중 중요한 부분은 강의법을 이용하여 학습한다.
- 토의법
  사출금형 부품가공에서 절삭조건 판별과, 공구의 종류 및 크기 결정 등을 5인 1조로 편성된 그룹별로 토의 한 후 토의된 자료를 발표하고 발표한 내용에 대해서 동료 학생 또는 교사와 질의 응답시간을 가진 후 학습결과를 정리하는 방법으로 수업을 진행한다.
- 목표도달 학습법
  학습을 여러 작은 단원(세부 단원별)으로 나누어 실시하고, 각 단원마다 학습종료 후 학습결과를 진단하고, 진단결과가 미흡하거나 불완전하면 다시 반복 학습하여 성취도를 향상시키면서 완전 성취여부를 확인하는 방법으로 학습한다.

사출금형 부품가공

단원명 3 | 평가

평가 시점

- 사출금형 부품가공의 가공 조건 결정하기에 대한 평가 시점은 절삭조건 판별과 도면에 따라 공구의 종류 및 크기 결정은 강의 중 질의응답으로 평가하며, 단원 교육 종료 시 구두 발표를 통하여 개인별 평가한다.

평가 준거

평가자는 피평가자가 수행 준거 및 평가 내용에 제시되어 있는 내용을 성공적으로 수행할 수 있는지를 평가해야 한다. 평가자는 다음 사항을 평가해야 한다.

평가영역	평가항목	성취수준		
		우수하다	보통이다	미흡하다
3. 가공조건 결정하기	3-1. 절삭조건 판별			
	3-2. 도면에 따라 공구의 종류 및 크기 결정			

평가 방법

평가영역	평가항목	평가방법
3. 가공조건 결정하기	3-1. 절삭조건 판별	질의응답 및 구두발표
	3-2. 도면에 따라 공구의 종류 및 크기 결정	

단원명 3 가공조건 결정하기

평가 문제

1. 공구재료의 구비조건에 대해서 설명하시오.

2. 공구재료를 경도의 크기 순서대로 나열하시오.

3. 테일러의 공구수명 식에 대해서 설명하시오.

4. 절삭공구의 종류 3가지를 쓰고 설명하시오.

피드백

1. 문제해결 시나리오
   - 문제 해결 진행 과정 중 필요시마다 피드백을 제공하여 문제 해결을 용이하게 한다.

2. 사례연구
   - 사례연구 결과를 모든 학습자들끼리 공유하여 확인 학습할 수 있도록 데이터화여 제시
   - 제출한 내용을 평가한 후에 수정 사항과 주요 사항을 표시하여 다음 수업 시작 시간에 확인 설명

3. 구두발표
   - 발표 1과정마다 오류 사항과 주요 사항을 점검, 조정

사출금형 부품가공

단원명 4　프로그램 검증하기(15230206_14v2.4)

4-1　곡면의 Z값을 파악

교육훈련 목 표	• 곡면인 경우 Z값을 파악할 수 있다.

필요 지식　거리 측정

1 측정 기능

1. 거리 측정

해석 → 거리 측정을 클릭하고 아래와 같은 창이 뜨면 다양한 유형으로 거리를 측정해 볼 수 있다.

아래 그림과 같이 거리, 투영거리, 화면 거리, 길이, 반경, 곡선 상의 점, 세트 사이 등의 유형이 있다.

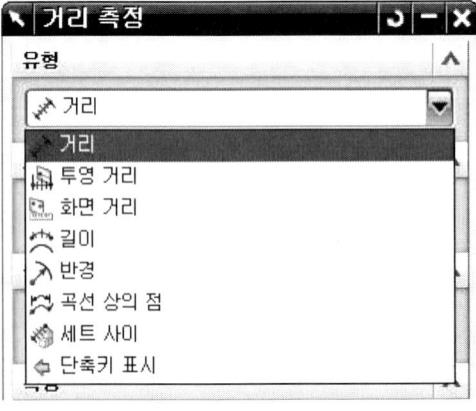

[그림4-1] 거리 측정

(1) 거리

두 객체나 점 사이의 거리를 측정하는 기능이다.

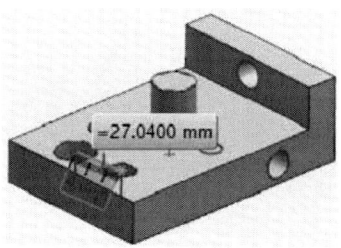

[그림4-2] 두 구멍 사이의 거리 측정

(2) 투영 거리

두 객체 사이의 투영된 거리를 측정하는 기능이다.
두 사각박스 안의 끝점을 측정하였지만 Z축 방향으로 투영된 거리가 측정됨을 알 수 있다.

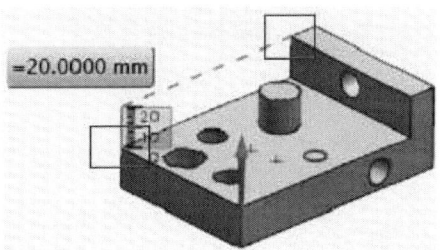

[그림4-3] 측정 방향이 정의된 두 점 사이의 투영 거리

(3) 화면 거리

화면상에서 두 객체의 대략적인 거리를 측정하는 기능이다.

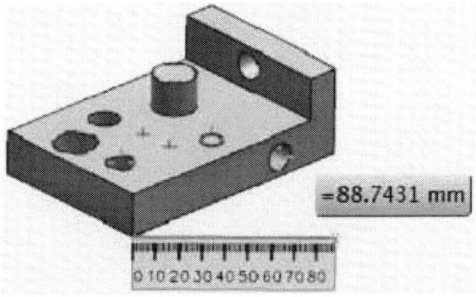

[그림4-4] 화면상의 거리 측정

(4) 길이

선택한 곡선의 실제 길이를 측정하는 기능이다.

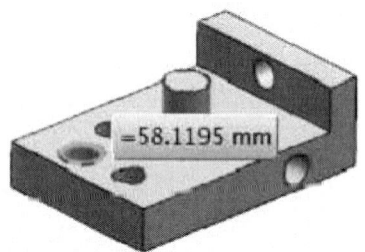

[그림4-5] 곡선의 길이 측정

(5) 반경

선택한 곡선의 반지름을 측정하는 기능이다.

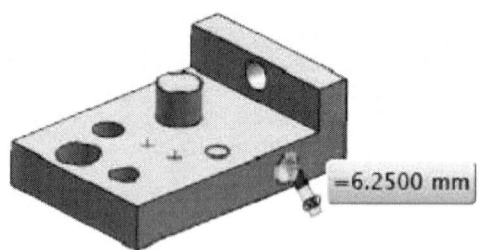

[그림4-6] 반지름 측정

(6) 곡선 상의 점

선택한 곡선 상의 두 점 사이의 가장 짧은 거리를 측정한다.
이때 곡선은 단일 곡선이 아닌 다중 곡선인 경우도 두 점 사이의 거리 측정이 가능하다.

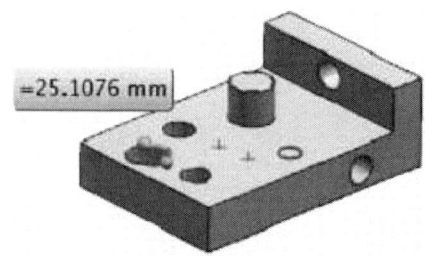

[그림4-7] 곡선 상의 거리 측정

(7)  세트 사이

두 객체의 세트 사이의 거리를 측정한다.

각각의 객체 세트인 조립품을 선택하여 거리를 측정할 수 있다.

아래 그림은 첫 번째 객체의 세트와 두 번째 객체 세트 사이의 거리를 측정한 것이다.

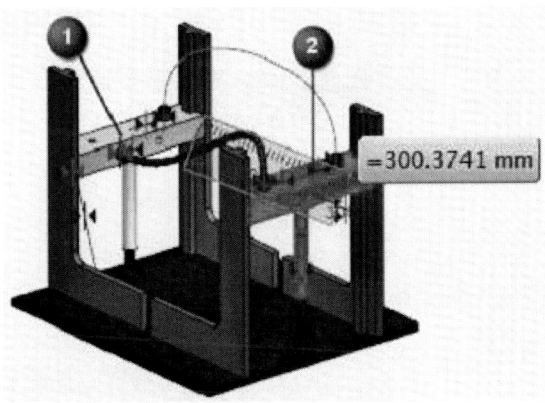

[그림4-8] 세트 사이의 거리 측정

사출금형 부품가공

| 실기 내용 | 기준점 파악, 곡면의 Z값 파악 |

1 기준점 파악

오퍼레이션 탐색기에서 마우스 우측 버튼을 클릭하고 지오메트리 뷰를 클릭한다.

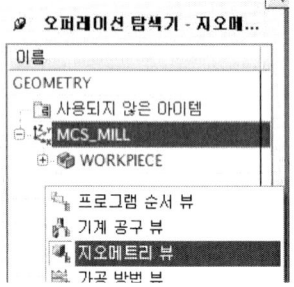

MCS_MILL을 더블클릭하고 Mill Orient 창이 뜨면 아래 우측 그림의 좌표계 다이얼로그 아이콘을 클릭한다.

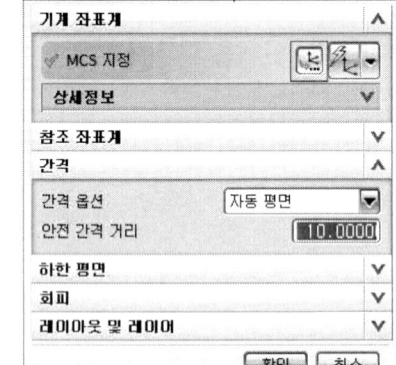

아래 그림과 같이 NC 데이터가 생성된 기준점을 파악할 수 있다.

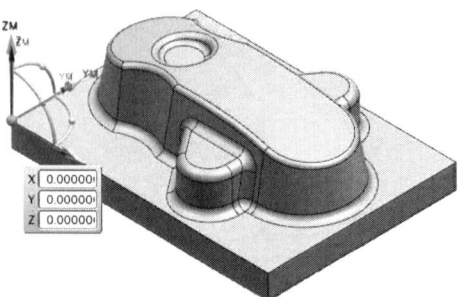

② 곡면의 Z값 파악

1. 작업 단면 편집

뷰 → 단면 → 작업 단면 편집(Ctrl+H)을 클릭하면 아래의 우측의 그림과 같이 된다.

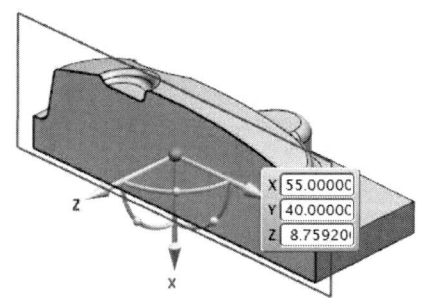

이 상태에서 해석 → 거리 측정을 클릭하고 유형은 투영거리, 벡터 지정은 ZC, 시작점은 점 다이얼로그 아이콘을 클릭한다.

그림의 1(끝점)과 단면 곡선상의 2(임의의 점)를 클릭한다.

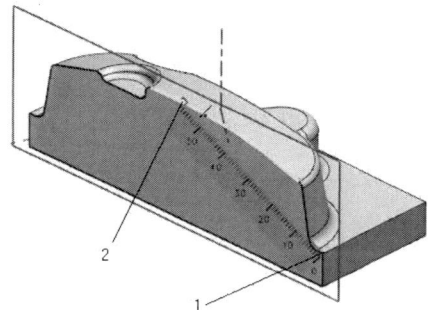

아래와 같이 단면이 된 곡면상의 곡선에서 임의의 점의 Z값을 알 수 있다.

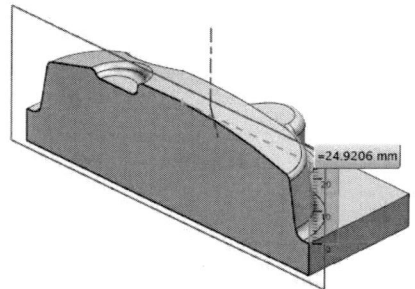

사출금형 부품가공

순수한 곡면의 경우도 같은 방법으로 Z값을 알 수 있다.

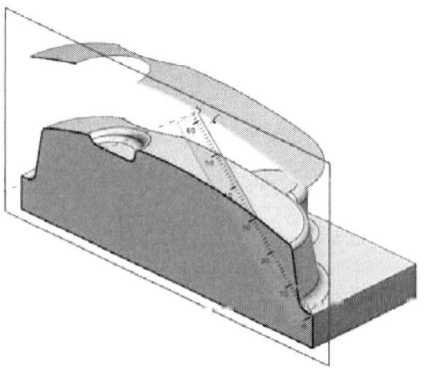

아래 그림의 옵셋에서 조절바를 마우스로 움직여 원하는 단면에서 곡면상의 Z값을 알 수도 있다. 위 그림의 중앙면에서의 단면이 아래 그림처럼 이동된 것을 확인할 수 있다.

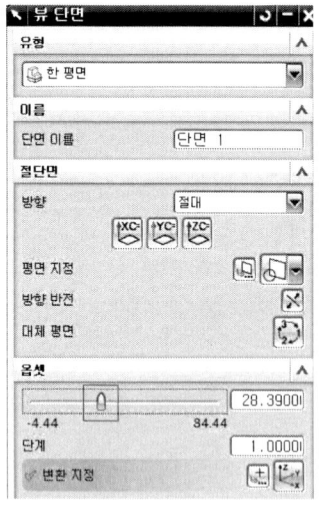 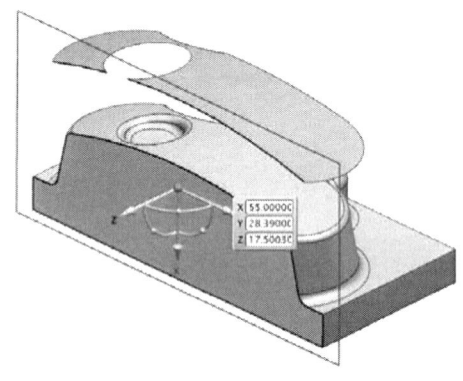

장비 및 도구, 소요재료

구 분	명 칭	규격(사양)	1대당 활용인원
장 비	컴퓨터(S/W 포함)	파라메트릭 모델링 및 검증 가능	1명
	프린터	A3 이상	5명
공 구			
소요재료	복사용지		1명
	펜		1명

안전유의사항

1. 안전유의사항
1) 기계가공 시 지켜야할 안전수칙 준수
2) 조립도와 부품도면의 면밀한 검토로 가공할 부품 리스트를 확인
3) 조립도, 사양서, 제품도를 이해하고 숙지하여 정확히 파악 하는 태도

관련 자료

1. 관련 자료
1) 사출금형 제작 사양서
2) 사출금형 조립도 및 부품도
3) 사출금형 파트 리스트
4) 사출금형 표준 부품
5) 해당 회사 업무 표준서
6) 금형재료 및 가공특성 등 관련 기술자료
7) KS 및 ISO 규격

사출금형 부품가공

4-2 Z값에 공구를 터치하여 위치 값 검증

교육훈련 목　　표	• 파악된 Z값에 공구를 터치하여 위치 값을 검증할 수 있다.

필요 지식　Verify(검증)

① Verify

1. Verify(검증)

　산출된 공구 경로를 확인할 수 있으며, 공구 경로에서 공구의 위치를 직접 사용자가 확인할 수 있다.

　소재로 설정한 가공 전 형상에서, 공구가 지나가면서 소재를 제거한 가공 후 형상이 나타나는 것을 확인할 수 있다.

　실시간으로 확인을 할 수 있으므로, 공구가 올바른 경로로 이동하는지 확인할 수도 있다.

　그러나 여기에서는 가공이 되는 도중 재료나 공구의 소성이나 탄성 변형 등은 전혀 고려하지 않고 공구의 움직임과 피삭재의 가공되어지는 형상만이 고려되어 진다.

　이때 실제 모델링 형상과 비료를 해서 과삭이나 미삭을 확인할 수 있으며, Simulation 후의 형상을 생성해서 다음 Operation에 적용해서 작업을 할 수 있다.

　아래는 검증 아이콘을 클릭하였을 때 나타나는 공구 경로 시각화 대화상자이며 이 대화상자에서 여러 가지 검증이 가능하다.

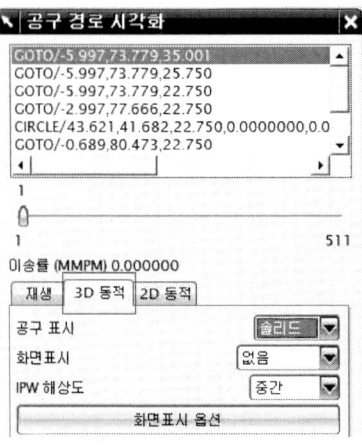

[그림4-2] 공구 경로 시각화

단원명 4 프로그램 검증하기

| 실기 내용 | 공구를 터치하여 위치 값 검증 |

① 위치 값 검증

1. 검증

오퍼레이션 탐색기에서 CAVITY_MILL을 더블 클릭한다.

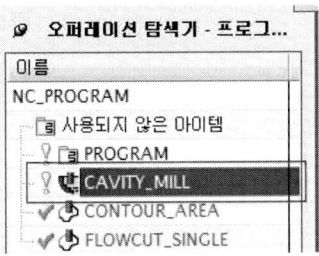

아래의 창이 뜨면 검증 아이콘을 클릭한다.

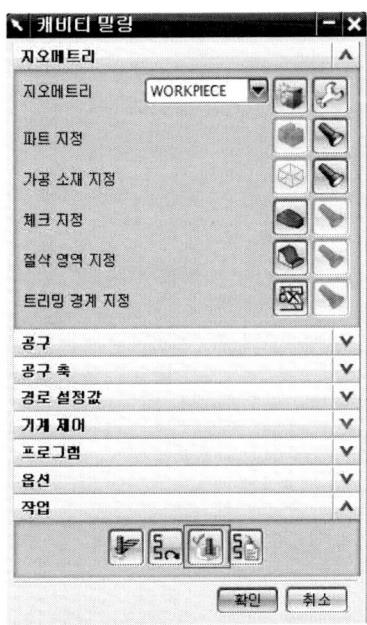

아래 그림과 같이 생성된 경로 중 임의의 위치를 클릭하면 공구 경로 시각화 창에서 현재의 X, Y, Z값을 파악할 수 있다.

황삭 가공 시 정삭 여유량을 0.5로 지정하였으며 공구 경로 시각화 창에서 맨 하단의 경로를 클릭하였을 때 Z값이 0.5임을 확인하여 위치 값을 검증할 수 있다.

사출금형 부품가공

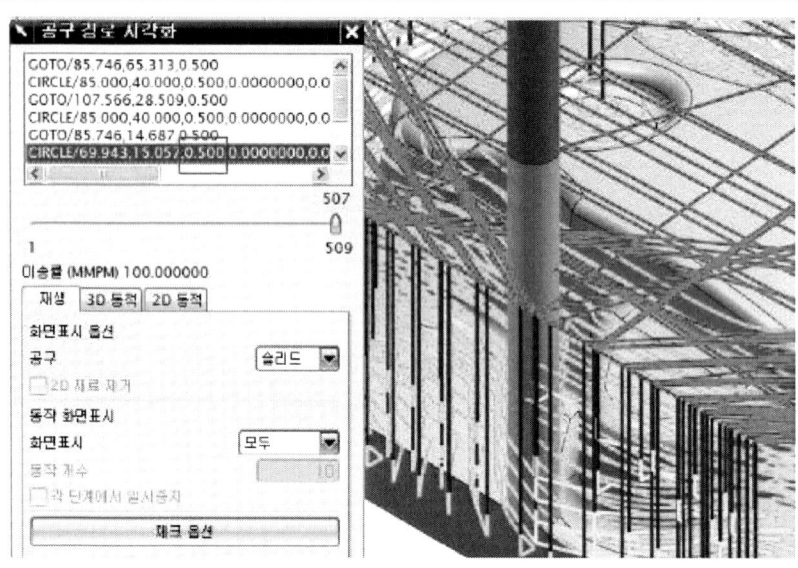

2 시뮬레이션

1. 검증

오퍼레이션 탐색기에서 CAVITY_MILL을 더블 클릭하고 캐비티 밀링 창이 뜨면 검증 아이콘을 클릭한다.

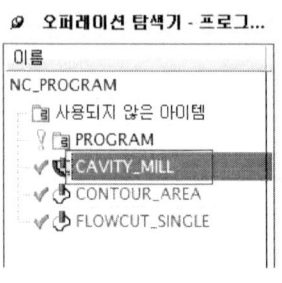

단원명 4 프로그램 검증하기

아래 그림처럼 3D 동적을 클릭하고, 재생 버튼을 클릭한다.
애니메이션 속도 조절바를 움직여서 시뮬레이션의 속도를 조절할 수 있다.
아래의 우측 그림처럼 황삭가공의 시뮬레이션을 통해 육안으로 가공 예상 모양을 검증해 볼 수 있다.

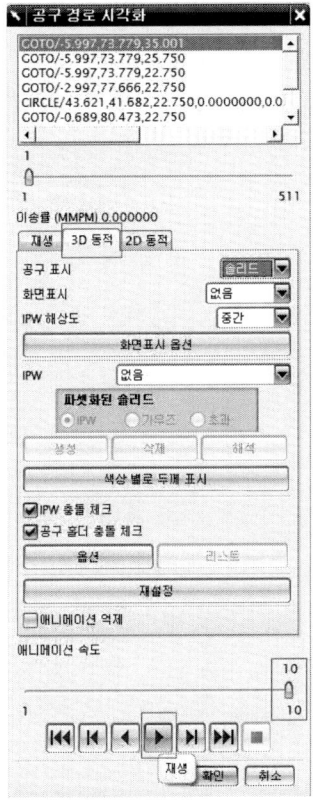
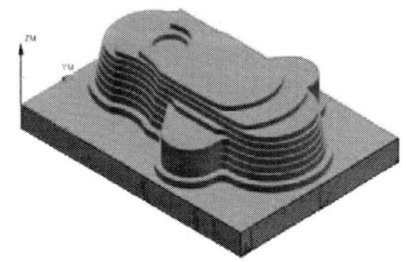

같은 방법으로 CONTOUR_AREA를 더블 클릭한 후 검증을 클릭하고 3D 동적으로 정삭 가공 모양을 검증해 본다.

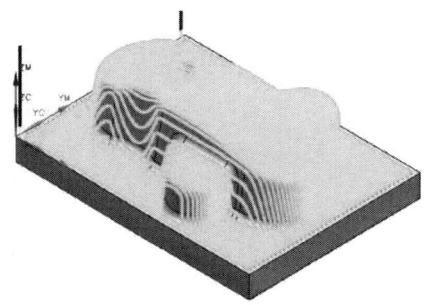
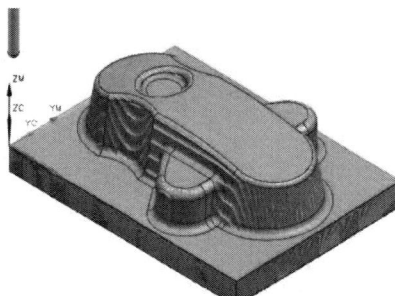

사출금형 부품가공

아래는 같은 방법으로 FLOWCUT_SINGLE을 더블 클릭한 후 검증을 실행한 그림이다.

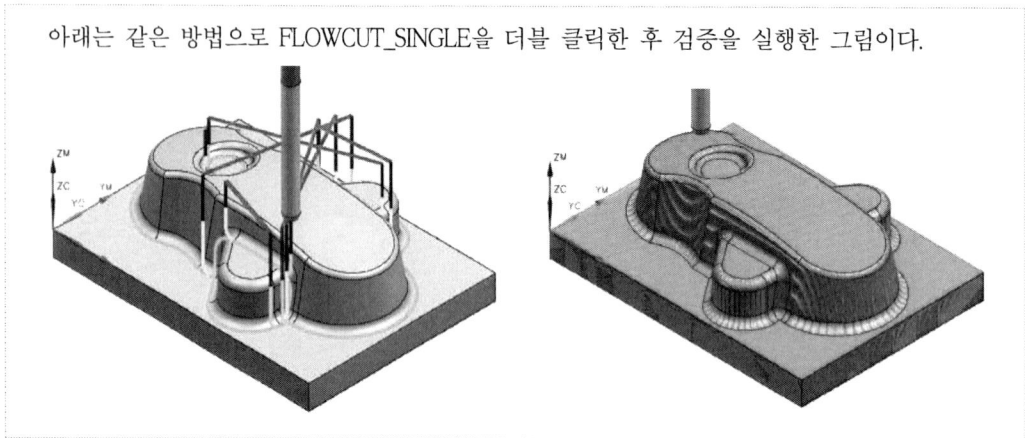

단원명 4 프로그램 검증하기

장비 및 도구, 소요재료

구 분	명 칭	규격(사양)	1대당 활용인원
장 비	컴퓨터(S/W 포함)	파라메트릭 모델링 및 검증 가능	1명
	프린터	A3 이상	5명
공 구			
소요재료	복사용지		1명
	펜		1명

안전유의사항

1. 안전유의사항
 1) 기계가공 시 지켜야할 안전수칙 준수
 2) 조립도와 부품도면의 면밀한 검토로 가공할 부품 리스트를 확인
 3) 조립도, 사양서, 제품도를 이해하고 숙지하여 정확히 파악 하는 태도

관련 자료

1. 관련 자료
 1) 사출금형 제작 사양서
 2) 사출금형 조립도 및 부품도
 3) 사출금형 파트 리스트
 4) 사출금형 표준 부품
 5) 해당 회사 업무 표준서
 6) 금형재료 및 가공특성 등 관련 기술자료
 7) KS 및 ISO 규격

사출금형 부품가공

단원명 3 | 교수방법 및 학습활동

교수 방법

- 강의법·토의법·목표도달학습
  사출금형 부품가공의 프로그램 검증하기에서 곡면의 Z값을 파악, Z값에 공구를 터치하여 위치 값 검증을 시연 및 설명함으로서 학습자들이 스스로 학습 목표에 도달할 수 있도록 유도한다.

학습 활동

- 강의법
  학생이 교사에게 집중하고, 교사가 수업의 주도권을 쥘 수 있으므로 학습내용 중 중요한 부분은 강의법을 이용하여 학습한다.
- 토의법
  사출금형 부품가공에서 곡면의 Z값을 파악, Z값에 공구를 터치하여 위치 값 검증에 관한 특이 사항 등을 5인 1조로 편성된 그룹별로 토의 한 후 토의된 자료를 발표하고 발표한 내용에 대해서 동료 학생 또는 교사와 질의 응답시간을 가진 후 학습결과를 정리하는 방법으로 수업을 진행한다.
- 목표도달 학습법
  학습을 여러 작은 단원(세부 단원별)으로 나누어 실시하고, 각 단원마다 학습종료 후 학습결과를 진단하고, 진단결과가 미흡하거나 불완전하면 다시 반복 학습하여 성취도를 향상시키면서 완전 성취여부를 확인하는 방법으로 학습한다.

단원명 4 프로그램 검증하기

단원명 4 | 평가

평가 시점

- 사출금형 부품가공의 프로그램 검증하기에 대한 평가 시점은 교육 순서에 따라 교육 중 질의응답으로 평가하며, 단원 교육 종료 후 실기 시험으로 평가한다.

평가 준거

평가자는 피평가자가 수행 준거 및 평가 내용에 제시되어 있는 내용을 성공적으로 수행할 수 있는지를 평가해야 한다. 평가자는 다음 사항을 평가해야 한다.

평가영역	평가항목	성취수준		
		우수하다	보통이다	미흡하다
4. 프로그램 검증하기	4-1. 곡면의 Z값을 파악			
	4-2. Z값에 공구를 터치하여 위치 값 검증			

평가 방법

평가영역	평가항목	평가방법
4. 프로그램 검증하기	4-1. 곡면의 Z값을 파악	질의응답 및 실습장 평가
	4-2. Z값에 공구를 터치하여 위치 값 검증	

| 사출금형 부품가공 |

평가 문제

1. 작업 단면 편집에 대해서 설명하시오.

2. Verify(검증)에 대해서 간략히 설명하시오.

3. 생성된 가공 경로의 Z값을 파악할 수 있는 방법을 간략히 설명하시오.

4. 거리 측정의 유형에 대하여 간략히 설명하시오.

피드백

1. 문제해결 시나리오
   - 문제 해결 진행 과정 중 필요시마다 피드백을 제공하여 문제 해결을 용이하게 한다.

2. 사례연구
   - 사례연구 결과를 모든 학습자들끼리 공유하여 확인 학습할 수 있도록 데이터화여 제시
   - 제출한 내용을 평가한 후에 수정 사항과 주요 사항을 표시하여 다음 수업 시작 시간에 확인 설명

3. 구두발표
   - 발표 과정마다 오류 사항과 주요 사항을 점검, 조정

학습 정리

단원명 1 — 가공용 프로그램 생성하기

- 세부단원명 1 : 가공 부품도를 파악한 후 가공 공정 작성

1. 공정계획표

 제품제작 프로세스를 보면 초기 상품기획에서부터 설계를 통해 MOCK-UP을 먼저 제작하여 개발에 착수한다. 설계, 구매, 금형, 사출 등의 금형구도 검토회의를 거쳐 금형설계에 들어가고, 가공은 자체 가공센터가 있는 경우 사내에서 진행하거나 또는 외주에 가공을 의뢰한다. 가공된 금형을 검사하고 조립하여 제품을 사출하고 측정을 통해 전체 프로세스가 진행된다.

 금형의 공정계획표를 보면 초기 발주에서 금형설계, 생산수량을 고려한 소재선택, 부품별 금형 제작가공, 중간 치수검사, 금형조립사상가공, 1차 시험사출, 제품검사, 양산 또는 특성을 고려한 금형수정, 2차 시험 사출, 양산으로 진행된다. 아래의 그림은 금형제작 프로세스와 금형공정계획표이다.

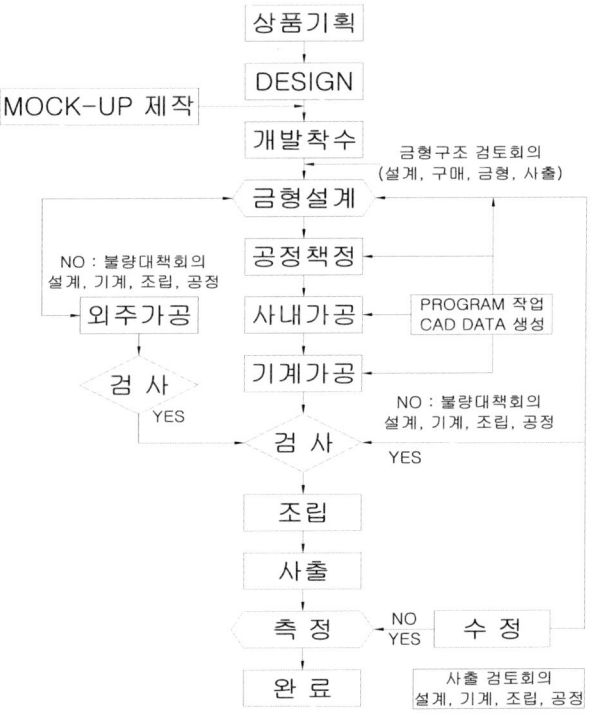

- 세부단원명 2 : 수동프로그램 작성
1. 주축 기능
 주축의 회전 속도(rpm)를 지정하는 기능으로 "S" 다음에 4자리 숫자 이내로 지정한다.
  (1) 머시닝센터에서 사용
   G97 S1500 M03(1500 rpm으로 정회전)
  (2) 선반에서 사용
   G96 S150 M03(절삭속도가 150m/min로 정회전)

2. 공구 기능
 공구의 선택기능으로 "T" 다음에 2자리 숫자로 지령하여 일반적으로 공구매거진에 공구 포트 수만큼 지령할 수 있다.
T12 M06(12번 공구로 교환)

3. 이송 기능
  (1) 분당이송(G98)
   공구를 분당 얼마만큼 이동하는가를 F로서 지령하며 밀링계의 종류에서 많이 사용한다.
  (2) 회전당 이송(G99)
   공구를 주축 1회전당 얼마만큼 이동하는가를 F로 지령하며 선반계의 종류에서 많이 사용한다.

4. 보조기능
 기계의 ON/OFF 제어에 사용하는 보조 기능은 "M" 다음에 2자리 숫자로 지령한다.

5. 준비기능
 어드레스 G아래 2자리 수치로서 블록내의 공구 및 각 축의 동작, 프로그램 좌표계설정 등 CNC제어장치의 기능을 동작하기 위한 기능을 의미한다.

- 세부단원명 3 : 자동 프로그램 작성
1. MILL_CONTOUR
  MILL_CONTOUR에는 여러 가공방법이 있으나 CAVITY_MILL, CONTOUR_AREA, FLOWCUT_SINGLE이 주를 이룬다.
  (1) CAVITY_MILL
   CAVITY_MILL은 Z축을 사용자가 원하는 깊이별로 나누어서 작업을 할 수 있으며, 주로 황삭 가공을 하는데 사용하면 편리하다.
   만약, 가공 형상이 평면 가공만이 있는 형상이라면 CAVITY_MILL만으로도 정삭 가공이 가능하다.

(2) CONTOUR_AREA

CONTOUR_AREA는 CAVITY_MILL처럼 Z축을 Cut Level로 나누어 가공하는 것이 아니라 가공 형상의 면을 따라서 가공하는 정삭 가공 방식이다.

(3) FLOWCUT_SINGLE

FLOWCUT_SINGLE은 이전 공구로 가공되지 않은 부분을 잔삭 처리하는 가공 방식이다.

단원명 2 | 부품 세팅하기

- 세부단원명 1 : 기계에 대한 사양을 파악

1. 가공 방법에 의한 공작기계 분류

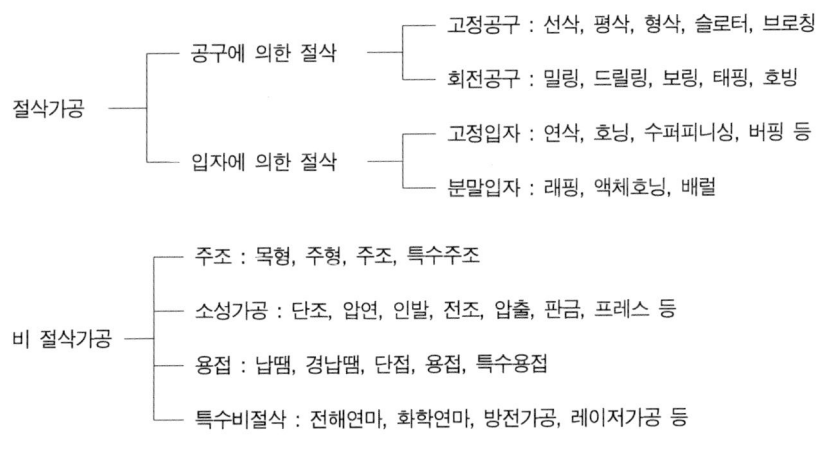

2. 절삭 공구에 의한 공작기계 분류

사출금형 부품가공

3. 가공 능률 분류에 따른 공작기계
 (1) 범용 공작기계: 가공범위가 넓고 조작이 용이하다.
 (2) 전용 공작기계: 특정한 모양이나 치수의 제품 대량 생산에 적합
 (3) 단능 공작기계: 단순한 기능의 공작 기계로서 한가지의 가공만 가능
 (4) 만능 공작기계: 다양한 가공을 할 수 있도록 제작(선반, 드릴링머신, 밀링머신 등의 공작기계 포함)

- 세부단원명 2 : 부품 형상에 대한 자주검사
1. 자주검사의 장·단점

구분		장점	단점
원가면		적절히 실시하면 원가절감	적절히 실시하지 못하면 오히려 원가상승(신용도 잃는다)
품질면	신속성	빨라진다.	이상을 깨닫지 못하면 반대로 지연
	정확성	요인 추구의 마음자세와 지식이 있으면 정확도가 높아진다.	판단이 엄격하지 않게 되기 쉬워 충분한 시간을 취할 수 없다
	대책	실시 가능	대책 능력이 부족하고 가능성이 없으면 오히려 트러블의 원인이 된다.
참가의식		품질의식의 향상	실패하면 자신을 잃어 역효과가 난다.

2. 자주검사
 (1) 전수 육안검사
   작업 도중 100% 육안검사 실시
 (2) 초기 제품, 중간 제품, 마지막 제품 검사
   자주검사 체크시트에 검사 결과를 반드시 기록
 (3) 불량품 식별 및 격리
  (가) 불량품이 양품과 혼입되지 않도록 표시하여 지정된 장소에 격리시킨다.
  (나) 불량품은 사후처리를 확실히 하며 혼입 또는 납품되는 일이 없도록 한다.
  (다) 태그 등을 부착하여 식별한다.

- 세부단원명 3 : 부품도를 파악한 후 고정구 선택

1. 플레이트 고정구
 고정구 중에서 가장 많이 사용되어 적용되며 가장 단순한 형태이다. 기본적인 고정구는 플레이트 또는 V블록에 공작물을 기준설정과 위치 결정 시키고 클램프 시킬 수 있도록 만들어진 형태이다. 이 고정구는 단순하게 만들어지며 공작기계, 용접, 검사 등에 가장 많이 활용되는 형

태이다. 본체는 강력한 절삭력에 견디어야 하므로 무엇보다 견고성이 필요하다. 고정구의 사용 목적은 공작물의 위치 결정과 강력한 고정에 있다.

2. 앵글 플레이트 고정구
  플레이트 고정구에 수직 판을 직각으로 설치한 것으로 밀링고정구와 면판에 의한 선반고정구가 많이 사용되고 있다. 이 고정구는 공작물을 위치 결정구와 직각으로 기계 가공되는 것으로 강력한 절삭력에는 본체가 구조상 약하므로 보강 판을 설치하여야 한다.
  이 고정구는 90°의 각도로 만들어지거나 다른 각도가 필요할 때가 있다. 이때는 수정된 앵글 플레이트 고정구 사용한다.

3. 바이스 조-오 고정구
  일반적으로 표준 바이스를 약간 응용 한 것으로 작은 공작물을 기계 가공하기 위해서 사용된다. 이 형태의 고정구는 표준 바이스의 조-오 부분을 공작물의 형태에 맞도록 개조한 것으로 제작비가 염가이나 정밀도가 떨어지고 바이스 조-오의 이동량에 제한을 받게 되므로 소형 공작물을 가공하는데 적합하다.

4. 분할 고정구
  분할 고정구는 플레이트 형태는 분할 판의 형태이고 앵글플레이트 형태는 인덱스 장치를 사용하며 분할 지그와 매우 유사하다. 이 고정구는 일정한 간격으로 기계 가공해야 할 공작물의 가공에 사용된다.

5. 멀티스테이션 고정구
  이 고정구는 가공 사이클이 계속되어야 할 경우에 생산 속도와 생산량의 향상을 위하여 사용된다. 이단 고정구(duplex fixture)는 단지 2개의 스테이션을 가진 가장 간단한 다단 고정구이다. 이 고정구는 절삭 작업이 계속되는 동안 장착과 탈착을 할 수가 있다. 예를 들면 스테이션 1에서 공작물이 가공 완료되면 고정구는 회전되고 스테이션 2에서 가공 사이클은 반복된다. 동시에 공작물을 스테이션 1에서 제거하고 새로운 공작물을 장착한다.

6. 총형 고정구
  이 고정구는 공작기계 자체로는 절삭할 수 없는 윤곽을 절삭할 수 있도록 절삭공구를 안내하는 데 사용된다. 이 윤곽은 내면과 외면 모두 가능하나 커터는 고정구와 계속적으로 접촉되고 있으므로 공작물은 고정구의 윤곽대로 절삭된다.

단원명 3 | 가공조건 결정하기

- 세부단원명 1 : 절삭조건 판별
1. 테일러의 공구수명 식
   $VT^n = C$ (Taylor 방정식)
   T : 공구수명(min)
   V : 절삭속도(m/min)
   n : 지수(공구와 공작물에 의해서 변하는 지수 $1/n=1/10 ~ 1/5$)
      고속도강 0.1, 초경합금 0.125 ~ 0.25, 세라믹 0.40 ~ 0.55
   C : 상수(공구수명 1分으로 할 때의 절삭속도)

- 세부단원명 2 : 도면에 따라 공구의 종류 및 크기 결정
1. 공구재료의 구비조건
   (1) 고온경도가 클 것
   (2) 마모저항이 클 것
   (3) 인성이 클 것
   (4) 마찰계수가 작을 것
   (5) 가격이 저렴할 것

2. 탄소공구강
   C함유량 0.06 ~ 1.5%, 저속절삭용, 수공구용

3. 합금공구강
   (1) 탄소공구강 + Cr, W, Ni, Mo, Co, V등 1종내지 2종을 함유
   (2) 기계적성질 개선
   (3) 저속절삭용, 총형공구용, STS로 표시, 450℃ 연화

4. 고속도강
   C함유량 0.7 ~ 0.85%, SKH로 표시, 650℃ 경도저하
   1) W계 고속도강(표준고속도강)
   2) Mo계 고속도강
   3) Co고속도강(특수고속도강)

5. 주조경질합금
   주조에 의해 Co-Cr-W-C합금, 500 ~ 850℃ 적열상태, 고속도강의 2배 절삭속도

6. 초경합금
 금속의 탄화물 분말을 소성해서 만든 경도가 대단히 높은 합금

| 단원명 4 | 프로그램 검증하기 |

- 세부단원명 1 : 곡면의 Z값을 파악'
1. 작업 단면 편집
 뷰 → 단면 → 작업 단면 편집(Ctrl+H)으로 단면을 생성하고 다양한 유형으로 거리값을 측정해 볼 수 있다.

- 세부단원명 2 : Z값에 공구를 터치하여 위치 값 검증
1. Verify(검증)
 산출된 공구 경로를 확인할 수 있으며, 공구 경로에서 공구의 위치를 직접 사용자가 확인할 수 있다.
 소재로 설정한 가공 전 형상에서, 공구가 지나가면서 소재를 제거한 가공 후 형상이 나타나는 것을 확인할 수 있다.
 실시간으로 확인을 할 수 있으므로, 공구가 올바른 경로로 이동하는지 확인할 수도 있다.
 그러나 여기에서는 가공이 되는 도중 재료나 공구의 소성이나 탄성 변형등은 전혀 고려하지 않고 공구의 움직임과 피삭재의 가공되어지는 형상만이 고려되어 진다.
 이때 실제 모델링 형상과 비료를 해서 과삭이나 미삭을 확인할 수 있으며, Simulation 후의 형상을 생성해서 다음 Operation에 적용해서 작업을 할 수 있다.

사출금형 부품가공

종합 평가

평가문항 1. 다음 도면의 상면 부분을 수동 프로그램으로 작성하시오.

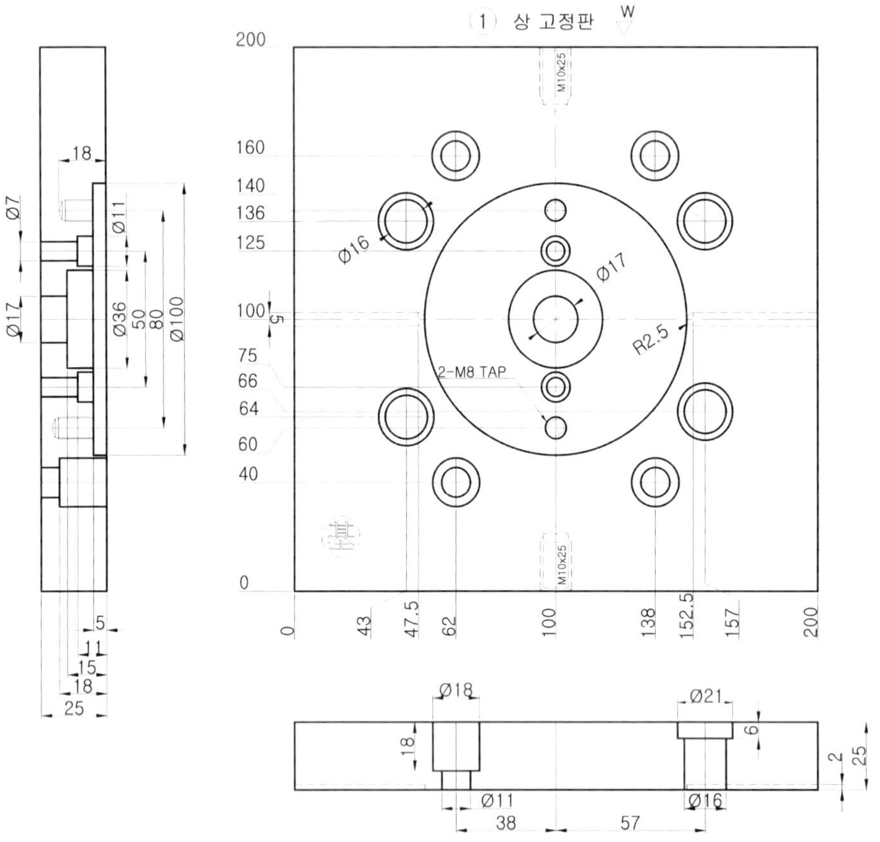

(답)
O1111
G40 G49 G80
G91 G30 Z0.
T01M06 --(센터 드릴 : φ3)
G90 G54 G00 X62. Y40. S1000 M03;
G43 Z30. H01 M08
G99 G81 Z-5. R5. F100
X43. Y64.
X43. Y136.

```
X62. Y160.
X138. Y160.
X157. Y136.
X157. Y66.
X138. Y40.
X100. Y60.
X100. Y75.
X100. Y100.
X100. Y125.
X100. Y140.
G80 G49 G00 Z200. M09
G91 G30 Z0.
T02 M06 ------------------------------------------------------------( 드릴 : φ11 )
G90 G54 G00 X62. Y40. S1000 M03
G43 Z30. H02 M08
G99 G73 Z-30. Q7. R5. F100
X43. Y64.
X43. Y136.
X62. Y160.
X138. Y160.
X157. Y136.
X157. Y66.
X138. Y40.
X100. Y100.
G80 G00 Z50.
X100. Y75.
G99 G73 Z-11. Q7. R5. F100
X100. Y125.
G80 G49 G00 Z200. M09
G91 G30 Z0.
T03 M06 ------------------------------------------------------------ ( 드릴 : φ16 )
G90 G54 G00 X43. Y64. S1000 M03
G43 Z30. H03 M08
G99 G73 Z-30. Q7. R5. F100
X43. Y136.
X157. Y136.
```

```
X157. Y66.
G80 G49 G00 Z200. M09
G91 G30 Z0.
T04 M06 ------------------------------------------------------------ ( 드릴 : φ17 )
G90 G54 G00 X100. Y100. S1000 M03
G43 Z30. H04 M08
G99 G73 Z-30. Q7. R5. F100
G80 G49 G00 Z200. M09
G91 G30 Z0.
T05 M06 ------------------------------------------------------------( 드릴 : φ7 )
G90 G54 G00 X100. Y75. S1000 M03
G43 Z30. H05 M08
G99 G73 Z-30. Q7. R5. F100
X100. Y125.
G80 G49 G00 Z200. M09
G91 G30 Z0.
T09 M06 ------------------------------------------------------------( 드릴 : φ6.9 )
G90 G54 G00 X100. Y60. S1000 M03
G43 Z30. H09 M08
G99 G73 Z-18. Q7. R5. F100
X100. Y140.
G80 G49 G00 Z200. M09
G91 G30 Z0.
T06 M06 ------------------------------------------------------------( 탭 : φ8 × 1.25 )
G90 G54 G00 X100. Y60. S300 M03
G43 Z30. H06 M08
G99 G84 Z-18. R5. F375
X100. Y140.
G80 G49 G00 Z200. M09
G91 G30 Z0.
T07 M06 ------------------------------------------------------------( 엔드밀 : φ18 )
G90 G54 G00 X62. Y40. S1000 M03
G43 Z30. H07 M08
G99 G73 Z-18. Q7. R5. F100
X62. Y160.
X138. Y160.
```

```
X138. Y40.
G80 G00 Z50.
X100. Y100.
G01 Z-15.
G41 X118. D07
G03 I-18.
G40 G01 X100.
G00 Z30.
G01 Z-5.
G41 X108.5 D07
G03 I-8.5
G40 G01 X100.
G41 X117. D07
G03 I-17.
G40 G01 X100.
G41 X125.5 D07
G03 I-25.5
G40 G01 X100.
G41 X134. D07
G03 I-34.
G40 G01 X100.
G41 X142.5 D07
G03 I-42.5
G40 G01 X100.
G41 X150. D07
G03 I-50.
G40 G01 X100.
G49 G00 Z200. M09
G91 G30 Z0.
T08 M06 --------------------------------------------------------------( 엔드밀 : ∅21 )
G90 G54 G00 X43. Y64. S1000 M03
G43 Z30. H08 M08
G99 G73 Z-6. Q7. R5. F100
X43. Y136.
X157. Y136.
X157. Y66.
```

사출금형 부품가공

```
G80 G49 G00 Z200. M09
G91 G30 Z0.
M05
M02
```

참고자료 및 사이트

참고자료 및 사이트

1. 국가직무능력표준 "설계관련 정보 수집 및 분석"
2. 구자길(2010). "국가직무능력표준", 한국산업인력공단
3. 한국산업인력공단(2005), 직무능력표준 개발 매뉴얼 연구자료
4. 사이트 : 국가직무능력표준(www.ncs.go.kr)
5. 인터넷 자료 활용
6. 한국산업인력공단(2014), 직무능력표준 개발(사출금형조립분야) 매뉴얼 활용

■ 집필위원
　설동옥

■ 검토위원
　원용기
　최재훈

사출금형제작
사출금형 부품가공

초판 인쇄 2016년 06월 10일
초판 발행 2016년 06월 17일
저자 고용노동부, 한국산업인력공단
발행인 김갑용
발행처 진한엠앤비
주소 서울시 서대문구 독립문로 14길 66 205호
　　　(냉천동 260, 동부센트레빌아파트상가동)
전화 02) 364 - 8491(대) / 팩스 02) 319 - 3537
홈페이지주소 http://www.jinhanbook.co.kr
등록번호 제25100-2016-000019호 (등록일자 : 1993년 05월 25일)
ⓒ2016 jinhan M&B INC, Printed in Korea

ISBN 979-11-7009-735-8 (93550) 　　　[정가 12,000원]

☞ 이 책에 담긴 내용의 무단 전재 및 복제 행위를 금합니다.
☞ 잘못 만들어진 책자는 구입처에서 교환해드립니다.
☞ 본 도서는 [공공데이터 제공 및 이용 활성화에 관한 법률]을 근거로 출판되었습니다.